내 **일**을
설계하고
미래를
건설한다

대한토목학회
KOREAN SOCIETY OF CIVIL ENGINEERS

일러두기

- 이 책은 미래 토목건설인들을 위한 진로안내서로서 대한토목학회(출판·도서위원회)가 기획·발간하였습니다.

- 이 책은 취업을 준비하는 독자가 '직능'의 중요성을 이해하고, 직업 선택 시 인생설계의 지속성 있는 안목을 갖도록 졸업 직후뿐 아니라, 이후의 경력관리에 필요한 다양한 정보도 함께 담고자 하였습니다.

- 이 책의 전개는 독자의 쉬운 이해를 위해 건설사업이 구현되는 일반적인 순서(기획(계획), 설계, 시공, 운영 및 유지관리)를 기초로 공공부문, 민간부문, 설계용역사, 건설사 등의 순서로 배열하였습니다.

- 이 책에 수록된 기관들은 부문별 업무의 일반사항을 설명하기 위하여 대표적으로 인용된 것이며, 지면의 제약으로 모든 관련 기관과 기업, 그리고 취업경험을 다 다루지 못하고, 몇몇 사례를 통하여 관련 부문을 설명하는 방식을 취하였음을 양해하여주시기 바랍니다. 또한 이 책에 수록된 기관(기업) 명칭에 대하여 공공부문의 경우, 이름을 직접 예시하였으나 민간기업의 경우 수록되지 않은 기업 간 형평을 고려하여 일부는 영문 이니셜로 처리하였음을 양지하여주시기 바랍니다.

- 이 책은 비교적 최근의 취업정보를 바탕으로 하고 있으나, 취업정보는 같은 업종이라도 기관(기업)마다 다르고, 같은 기관이라도 매해 달라지는 특성이 있으므로 특정 기관(국가기관, 공기업, 회사, 단체 등)에 관심이 있는 경우 해당 기관을 검색하여 구체적인 정보를 확인하시기 바랍니다.

C
O
N
T
E
N
T
S

이제 막 새로운 곳에서 진로와 직업탐구의 항해를 시작한 미래 토목건설인 여러분 환영합니다. 특히나 많은 전공분야 가운데 토목건설분야에 도전한 여러분의 탁월한 선택에 박수를 보냅니다.

'건설'이란 업역은 주로 건설현장을 통해서 대중에게 드러나기 때문에, 건설하면 통상 '현장'을 연상하기 마련이고, 여러분들도 주로 TV 뉴스 속에 비친 건설현장을 통해 토목을 접해왔을 것입니다. 하지만, 건설현장은 건설업역의 일부분으로서, 물리적인 건설을 구현하기 위해서는 교육, 연구, 조사, 설계 등 드러나지 않은 더 많은 영역이 함께 작동됩니다. 토목전공자는 정부의 건설정책에서부터 현장의 건설작업, 그리고 시설의 운영 등 건설과 관련된 폭넓은 분야에서 필요로 합니다. 이런 이유로 토목전공자가 가질 수 있는 직업의 기회는 매우 다양하다고 할 수 있는데, 아마도 토목공학은 모든 공학영역 중에서도 직업 스펙트럼이 가장 넓은 업역을 가지고 있다고 할 수 있습니다.

사회와 건설시스템의 고도화에 따라 건설업역의 특성도 매우 다양하게 변화하여 왔습니다. 과거에 비중이 작던 감리, 사업관리 등의 업역이 크게 확대되었고, 해외건설사업 참여가 늘어남에 따라 공사관리나 계약관리분야의 전문가도 요구되고 있습니다. 전통적으로 토목기술자의 영역에서 좀 거리가 있는 것으로 인식되던 업역들이 경제적 중요성과 기술적 특수성에 따라 점점 더 다양한 토목기반의 전문가를 필요로 하게 만든 것이지요.

다양한 토목분야 업역 중에서 각 개인이 본인의 성향에 맞는 직업을 선택하는 것이야 말로 개인과 사회가 시너지효과를 낼 수 있는 가장 기본적인 바탕입니다. 하지만 최근 취업경향은 특정 분야에만 집중되는 현상, 새로운 도전을 기피하는 성향 등 여러 아쉬움이 있습니다. 무엇보다도 어렵게 취업을 하고 난 뒤 1~2년 내 이직이나 자발적 퇴직을 하는 비율이 20~30%에 이르고 있다고 합니다. 이는 우리의 미래인 젊은 주역들이 직업 선택에 있어서 충분한 정보를 갖지 못했고,

경력의 생애주기관리 개념을 충분히 이해하지 못했기 때문이라고 생각합니다.

취업의 시행착오는 국가적으로 매우 큰 손실이 아닐 수 없습니다. 우리 대한토목학회에서는 미래의 토목인들이 젊은 날의 황금 같은 시간을 시행착오로 낭비하지 않고 보다 효율적이고 생산적으로 자아를 개발하고 사회에 기여하는 데 도움을 주고자 이 안내서를 기획하게 되었습니다.

1960년대 이래 건설산업은 인프라의 구축을 통해 우리나라 경제발전의 주축이 되어왔고, 국가경쟁력 강화에 핵심적인 기여를 해왔습니다. 이제 우리 건설의 미래는 통일과 해외 건설, 인프라의 고도화 그리고 재난에 안전한 국가 건설이라는 책무를 감당하고, 건설에 대한 부정적 인식의 개선, 혁신을 통한 성장의 한계 극복, 건설시스템의 개선 등 많은 대내외적 문제해결을 위해 새로운 인재의 수혈을 필요로 하고 있습니다. 위대한 미래건설의 실현은 미래를 준비하는 여러분의 손에 달려 있습니다.

지면의 한계로 건설 관련 업역을 상세하게 다루지 못했고, 특히 최근의 활발한 업역 간 융합과 같은 부분들을 충분히 소개하지 못한 것은 다음 기회를 통해 보완을 기약해야겠습니다.

모쪼록 이 책이 여러분의 경력개발 탐구의 작은 길잡이가 되었으면 합니다. 그래서 여러분이 진정으로 원하는 일을 선택하고, 마음껏 꿈을 펼칠 수 있기를 기원합니다.

01

직업, 선택이 아니라
만드는 시대

직업의 미래

올림픽 즈음에 우리나라 국민들은 '꿈은 이루어진다'는 벅찬 감격을 맛보았습니다. 그때의 활기는 우리 국민 모두를 희망의 미래를 꿈꾸게 하기에 충분하였습니다. 그러한 희망은 성장을 낳고, 성장은 기회를 만들어내었습니다. 우리의 선배들은 그 기회를 활용하여 오늘을 이룩했습니다.

올림픽 후 약 30년이 흐른 지금, 우리 사회는 정말 많이도 변하였습니다. 외형은 말할 것도 없고, 무엇보다 삶의 가치기준이 크게 변화하였습니다. 민주화의 흐름 속에 대학진학의 문턱도 낮아져 그 어느 나라에서도 유래가 없는 대학 진학률 80%를 넘었고, 이제 우리의 환경과 삶의 질을 돌아보는 여유도 갖기 시작했습니다.

우리 사회의 이러한 변화는 직업의 기회와 양상 그리고 직장문화까지 변화시켜 왔습니다. 새로운 직업영역^{이하 업역}의 출현은 물론, 성장시대에 잘 드러나지 않던 직업들이 각광을 받기 시작했고, 분야의 경계를 넘나드는 직종들이 새로 탄생하였습니다.

현재 글로벌 경제환경의 변화는 과거에 인류가 경험해보지 못한 속도와 크기로 일어나고 있습니다. 구글이 선정한 금세기 최고의 미래학자, 토마스 프레이^{Thomas Frey} 박사는 2030년까지 현존하는 일자리 20억 개가 사라질 것으로 전망했습니다. 세계 최대 통신망 업체인 시스코에서 20년간이나 회장으로 재직했던 존 체임버스^{John Chambers} 전임 회장^{2015년 5월말 사임}은 현존하는 기업의 40% 이상이 10년 내 사라지게 될 것으로 전망을 했습니다. 최근 드론을 이용한 물류 비즈니스가 현실화되고, 로봇이 방재의 핵심기능을 담당할 것이라는 예측은 이런 변화의 가시적인 예일 것입니다. 이렇게, 형태는 다르지만 새로운 일감은 더 늘어날 것으로 전망하고 있습니다. 문제는 생겨나는 일감과 현존하는 일자리가 일치하지 않는다는 것입니다. 새로 생겨나는 일감의 소화를 위해서는 새로운 기술과 지식이 필요하고, 이를 감당할 수 있는 인적자원의 개발이 이루어져야 합니다. 미래의 직업세계는 기술과 인재의 혁신을 요구하고 있습니다. 2015년 다보스포럼에서 '기술력 부족'을 미래의 위험요소 중의 하나로 짚었습니다. 이 포럼에서 2010년부터 줄곧 화두가 되어온 말 중의 하나는 '미래를 예측하기보다 미래를 만들어가야' 한다는 것입니다. 아마도 이제는 직업도 단순한 선택이 아닌 만들어가는 시대에 이른 것 같습니다. 이것은 새로운 용기와 도전을 필요로 합니다.

직능경쟁시대

청년 구직자들은 일자리를 구하기 어렵다고 말합니다. 그러나 기업의 인사 채용 담당자들은 사람을 구하기 어렵다고 말합니다. 이러한 미스매치mismatch, 편향과 집중, 그리고 중도퇴사와 같은 직업 선택과 관련한 문제들로 우리의 젊은이들과 사회가 힘들어하고 있습니다. 이러한 문제들 중 어떤 문제는 우리 사회의 시스템을 새로이 짜거나 사회적 컨센서스consensus를 통해서만 해결될 수 있습니다. 이런 개인 차원에서 해결하기 힘든 사회구조적인 문제들은 접어두고 우리가 당장 대응해 나갈 일은 직업에 대한 변화의 트렌드를 읽고 거기에 맞게 대처하는 일입니다.

최근의 사회 조류 속에서 우리는 직업의 선택과 관련한 매우 의미 있는 교훈을 얻을 수 있습니다. 그것은 이제 과거 평생직장의 개념이 무너지고 '직장'보다는 '직능'이 중요한 개념으로 부상한 것입니다.

'직능'의 중요성이 부상되었다는 말은 더 이상 한 직장에 메이지 않고, 나를 필요로 하는 프로젝트에 따라 능력을 발휘하는 직업형태가 일반화되고 있음을 의미합니다.

요즘 들어 '직장은 없고, 일생의 직능만 있다'는 말을 많이들 합니다. 능력에 따라 직장을 옮겨 다니는 직장 유목민nomad 시대가 되었다는 말입니다. 이런 현상은 단순히 직장뿐만 아니라, 한 개인의 인생 설계에도 중요한 영향을 미칩니다. 개인의 직능 수준이 개인의 직장을 결정할 수 있음을 의미합니다. 어떤 회사의 직원으로서보다 '토목기술자'로서의 직능이 평생직장을 결정짓는다는 것을 의미하고, 심지어는 프로젝트에 따라 직장이 계속 변화할 수 있음도 시사합니다. 이것은 또 어떤 면에서 그동안의 직장 내 경쟁이 이제는 한 개의 통합된 광범위한 업역에서의 직능경쟁시대가 되었음을 의미합니다. 스포츠 선수들이 우리가 상상하기 어려운 많은 돈으로 트레이드trade되는 형태가 바로 무한 직능경쟁의 한 예로 볼 수 있습니다. 훈련된 우리 기술자들이 해외직장을 구하는 사례가 늘어나는 것도 전문가적 '직능'은 어디에서도 통함을 의미합니다. 현재 정부에서 추진하고 있는 NCS^{National Competance Standard}(4장 참조)도 이러한 '직능' 인식에 기초한 것으로 이해할 수 있습니다. 이것은 직업 선택과 관련하여 매우 의미 있는 변화로 받아들여야 합니다.

잘 훈련된 경험이 있다면 국내든, 해외든 얼마든지 기회를 가질 수 있습니다. 이제 직업은 단 한 번의 선택의 문제가 아니라 '직능의 선택'과 평생교육을 통한 '경력관리'란 개념으로 이해하여야 합니다.

직능경쟁시대는 직장에 대한 생각을 인생 전체의 설계와 연관 지어야 합니다. 많은 학생들이 한두 해 먼저 취업한 학생들의 견해에 민감하게 영향을 받아 취업을 준비하는 모습을 많이 보게 되는데, 이런 현상은 인생의 직능설계 면에서 보면 다시 생각해봐야 할 부분이 많습니다. 단지 장소와 출발개념의 직장에서, 인생의 life time에 기반 한 직능을 고려하여야 합니다. 직장에 대한 패러다임을 직능으로 대체할 경우 월급의 과소, 혹은 직장의 안정성 등의 일반적이고 피상적인 기준에서 인생의 가치와 미래의 변화에 대한 고찰을 함께하게 될 것입니다.

인생설계와 직업

미래의 기술자로서 내 생애주기^{life time} 경력관리 계획은 무엇인가 자문해본 적이 있는지 생각해보면 좋겠습니다.

매년 학기 중에 전과를 하는 학생들도 있고, 어렵게 얻은 직장을 1년 내 그만두는 비율도 30%를 넘는다고 합니다. 실패를 통해 배운다고 치부하기에는 황금 같은 청춘의 시간을 소모한 기회비용이 너무 큽니다. 그렇기에 인생의 첫발을 잘 내딛는 것이 무엇보다 중요합니다.

이 책은 미래 토목인들이 첫발을 내딛는 데 도움을 주기 위해 기획되었습니다. 일선에서 학생들을 지도하시는 분들의 말씀을 들어보면, 현재 직업을 구하고 있는 학생들조차 토목공학의 직업영역에 대한 충분한 정보를 갖지 못한 사실에 당혹스러웠던 적이 많았다고 합니다. 그저 좋아 보여서, 남들이 선호하니까, 스펙에 어울려서 등등의 이유로 정작 내가 택할 직장을 나의 경력개발과 인생계획에 대입해보는 보다 근본적인 자기설계를 위한 시간을 진지하게 가지지 못하고 있는 것 같습니다.

이 책에서 제공하는 진로 선택과 관련한 여러 가지 정보들이 여러분의 앞날을 설계하는 단초가 되었으면 합니다. 그런 의미에서 이 책이 전하고자 하는 핵심내용은 다음과 같습니다.

- **나는 어디에 있고, 무엇을 할 것인가?** – 건설산업, 직능 선택과 생애주기 경력관리
- **나의 일터는 어디이고 어떻게 도전할 것인가?** – 직장의 선택과 준비
- **내 일의 가치와 미래는?** – 내 일의 전망과 자긍심

본 진로안내서를 통해 내가 택할 직능을 건설산업 전반의 틀로서 이해하고 어떤 직장에서 어떤 일을 할 것이며, 어떻게 도전할 것인가를 상상해보았으면 합니다. 그리고 선택할 직장의 범주와 학업을 통한 준비를 계획해보고, 건설의 가치와 미래에 자신을 대입해볼 기회를 가졌으면 합니다.

토목분야의 업역 스펙트럼이 워낙 넓고, 또 최근의 업역의 융합화를 고려할 때 이러한 진로안내서가 자칫 진로의 틀을 고착화하는 우를 범할 수도 있어 조심스러운 면도 있습니다. 또한 한정된 지면에 모든 내용을 다루기 어려워 단편적 지식이 될까 하는 우려도 있습니다. 아무쪼록 여기서 다루는 정보를 참고하여 미래를 만들어 가야 하듯, 직업도 만들어 갈 수 있다는 적극적이고 도전적인 생각의 계기가 되고, 앞으로의 학업과 진로설계에 많은 도움이 되길 희망합니다.

02

건설산업을 이해하다

토목전공자와 건설산업

토목전공자는 대부분 건설과 관련한 업무에 종사하게 됩니다. 건설에 관련된 업무는 건설 관련 정책을 입안하거나, 계획, 설계, 시공, 운영 및 유지관리를 포함하며, 이밖에 건설활동을 지원하는 다양한 업무들도 건설업역의 일부로 생각할 수 있습니다. 그렇다면 '건설'이란 무엇일까요? 국가의 사회기반시설, 산업시설 및 건축시설물을 짓build는 일을 건설이라 할 수 있습니다.

이 중 사회기반시설infrastructure은 생산이나 생활의 기반을 형성하는 중요한 구조물로서 도로, 철도 및 지하철, 교량, 공항, 터널, 댐, 항만, 상하수도, 제방, 에너지시설, 통신시설 등을 예로 들 수 있습니다. 이들 시설은 실질적으로 생산력을 가지고 있지는 않지만, 가치생산을 위해 필수적으로 요구되는 시설물들이므로 이를 사회간접자본SOC이라고 합니다.

산업시설industrial facilities은 '플랜트'라고 불리는 시설로 정유, 석유화학, 가스, 발전 플랜트 등이 이에 속합니다. 한편 건축시설물building construction은 상업시설, 교육시설, 주거시설 등이 있는데, 예를 들면 주택, 아파트, 빌딩, 학교, 호텔, 백화점, 쇼핑센터 등이 있습니다.

최근 신도시 건설, 철도역 복합개발을 보면 이러한 여러 영역의 시설들이 개별시설이 아닌 융합시설로 건설되는 경향을 보이고 있어 구분이 모호해지고 있습니다. 참여 기술인력도 건축, 기계, 전기 등 다양한 분야 간 협업이 이루어지고 있습니다.

건설과 관련된 일을 하게 되는 경우, 정책과 사업시행의 주체가 되는 정부부처 또는 공기업에서부터, 구조물을 시공 가능하도록 구체화하는 설계용역사, 현장에서 구조물을 현실세계로 구현해내는 시공사나 이를 지원하는 연구기관, 학회, 협회, 단체 등에서도 활동할 수 있습니다. 이렇듯 건설과 관련한 설계와 시공을 포함하는 업역을 건설산업이라 합니다.

건설산업 자세히 알아보기

앞에서 토목전공자들과 밀접한 건설의 대상을 개략적으로 살펴보았습니다. 그러면 이러한 건설을 생산물로 하는 건설산업의 체계는 어떠할까요? 건설산업을 이해하기 위해서는 우선 건설과 관련한 다양한 개념을 이해하는 것이 필요합니다.

그 첫 번째 이슈는 '공공' 및 '민간'의 영역 구분입니다. 먼저 공공부문을 살펴보면, 사회간접시설의 대부분은 불특정다수국민을 위한 것으로 대개 정부가 담당하며 세금으로 건설됩니다. 국가의 예산을 집행하여 도로, 철도, 공항, 항만 등의 인프라를 건설하는 것이죠. 그런데 최근 유료도로와 같이 민간의 투자참여로 사회기반시설을 건설하는 방식도 흔히 도입되고 있습니다. 이는 부족한 정부재정을 보완하는 측면에서 유용한 건설방식입니다.

인프라는 대규모 건설비가 소요되나 물류비용을 줄이는 등 국가 경쟁력강화에 절대적으로 중요한 요소이므로 국가는 부채를 얻거나 민자건설 등을 통해 인프라를 확충해야 하는 것입니다. 인프라는 한번 건설하면 몇 세대에 걸쳐 사용하므로 어느 정도의 부채를 활용하는

| 공공부문(공공사업)
(정부, 지자체, 공기업 등) | 민간부문(대규모 민간사업)
(설계용역사, 건설사) |

공공-민간 협동
(public-private partnership)

건설부문의 구분 예

것은 건설비를 세대 간 나누어 분담하는 의미도 갖게 됩니다.

건설시장의 주체project owner가 대부분 공공부문이며, 세금을 사용하는 일이므로 설계와 공사를 위한 계약자를 선정할 때 기회의 균등과 형평성을 매우 중요하게 다룹니다. 정부는 이를 제도적으로 보장하기 위하여 '국가를 당사자로 하는 계약에 관한 법률' 등에 따라 시행하며, 공정거래위원회 등을 통해 건설시장의 건전성을 유도하고 있습니다.

건설산업기본법에 규정된 건설공사는 토목공사, 건축공사, 산업설비공사, 환경시설공사, 그밖에 명칭에 관계없이 시설물을 설치, 유지, 보수하는 공사 및 기계설비나 그 밖의 구조물의 설치, 해체공사 등을 시행하는 업을 말합니다.

건설산업 = 건설업 + 건설용역업

건설업 = 건설공사를 수행하는 업시공업

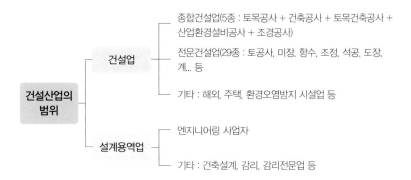

건설산업의 범위

건설업
- 종합건설업(5종 : 토목공사 + 건축공사 + 토목건축공사 + 산업환경설비공사 + 조경공사)
- 전문건설업(29종 : 토공사, 미장, 방수, 조적, 석공, 도장, 계... 등
- 기타 : 해외, 주택, 환경오염방지 시설업 등

설계용역업
- 엔지니어링 사업자
- 기타 : 건축설계, 감리, 감리전문업 등

*건설업에 해당하지 않는 분야 : 전기공사(전기공사업법), 정보통신공사(정보통신공사업법),
 소방시설공사, 문화재수리공사

건설프로젝트의 성격상 업역의 가장 큰 구분은 설계용역업과 건설업입니다. 설계용역업은 건설공사에 관한 조사, 설계, 감리, 사업관리, 유지관리 등 건설공사와 관련된 용역업을 하는 일이며, 건설업은 현장에서 인력, 공사장비, 건설재료를 동원하여 공사를 수행하는 일을 말합니다.

Tip!

설계용역업은 업종에 따라 근거법이나 소관부처도 달라집니다. 일례로 대부분의 토목관련 설계용역업(엔지어링업)은 엔지니어링 기술진흥법(산업통상자원부)에 의거하지만, 같은 설계용역업이라도 건축설계업은 건축사법, 감리전문업은 건설기술진흥법(국토교통부)에 따릅니다.

건설업

　건설산업의 전문성 유도, 공정한 경쟁을 위하여 정부는 건설업을 면허제도로 운영하고 있습니다. 건설산업기본법에 건설업의 종류, 등록기준, 시공자격 등을 명시하고 있는데, 이러한 등록요건을 통해 건설업이 건설공사의 적정한 시공과 건설산업의 건전한 발전을 도모하여 국민경제와 국민의 생활안전에 이바지하도록 하고 있습니다.

　건설산업법에서 시공업체는 크게 두 가지로 구분하고 있습니다. 하나는 종합건설업체이고 다른 하나는 전문건설업체입니다. 종합건설업체는 직접 시공도 하면서 건설 프로젝트를 총괄 관리하는 역할을 수행할 수 있습니다. 반면 전문건설업체는 전문화된 단일 공사일, 예를 들어 터파기, 철골조립 등과 같이 전문화된 단종의 일을 수행합니다.

건설업종 업무내용 예

건설업종	업무내용 및 관련 건설공사의 예
토목공사업	종합적인 계획·관리 및 조정에 따라 토목공작물을 설치하거나 토지를 조성·개량하는 공사로서 도로·항만·교량·철도·지하철·공항·관개수로·발전(전기제외)·댐·하천 등의 건설, 택지조성 등 부지조성공사, 간척·매립공사 등
건축공사업	종합적인 계획·관리 및 조정에 따라 토지에 정착하는 공작물 중 지붕과 기둥(또는 벽)이 있는 것과 이에 부수되는 시설물을 건설하는 공사
토목건축공사업	토목공사업과 건축공사업의 업무내용에 속한 공사

| 산업·환경설비 공사업 | 종합적인 계획·관리 및 조정에 따라 산업의 생산시설, 환경오염을 예방·제거·감축하거나 환경오염물질을 처리·재활용하기 위한 시설, 에너지 등의 생산·저장·공급시설 등을 건설하는 공사. 제철·석유화학공장 등 산업생산시설, 소각장·수처리설비·환경오염방지시설·하수처리시설·폐수종말처리시설·중수도 및 하·폐수처리수 재이용시설 등 환경시설공사, 발전소설비공사 등 |
| 조경공사업 | 종합적인 계획·관리·조정에 따라 수목원·공원·녹지·숲의 조성 등 경관 및 환경을 조성·개량하는 공사로서 수목원·공원·숲·생태공원 등의 조성공사 |

신문이나 TV에서 건설공사 관련 뉴스를 접하게 되면 '발주', '입찰', '도급', '하도급'과 같은 표현을 자주 듣게 됩니다. 이런 표현을 이해하기 위해서 건설사업이 진행되는 체계 및 절차 그리고 계약관계를 살펴보는 것이 유익할 것 같습니다.

먼저 발주기관^{정부, 지자체, 공기업} 등은 건설프로젝트의 기획과 시행을 책임지는 부서로 정부와 공기업 등 건설대상 구조물의 주인이며, 이를 건설하는 설계, 시공 등 전 과정을 총괄하게 됩니다. 발주기관은 해당사업의 설계를 수행하여 시공능력을 가진 업체를 선정하여야 하는데, 이 과정을 추진 주체 입장에서 '발주'^{입찰 주문}라 하며, 비용과 능력을 평가하여 해당 공사를 수행할 업체를 정하는 과정을 '입찰'이라 합니다. 정부의 세금을 사용하는 사업으로서 입찰의 기회균등과 형평

*점선 및 연두색은 예외적으로만 허용되는 도급(하도급) 관계를 의미

건설사업 진행 및 계약 체계 예

성은 매우 중요하며 그 절차와 방법은 법예, 국가를 당사자로 하는 계약에 관한 법률으로 정해놓고 있습니다. 입찰을 통해 선정된 업체를 '낙찰자'라 합니다. 발주자가 공사업무를 업체로 하여금 수행하도록 하는 계약을 '도급계약'이라 하며 업체를 '계약자' 또는 '도급자'라 합니다. 도급자는 공사의 일부를 전문건설업체에 의뢰할 수 있는데, 이를 '하도급'이라고 합니다. 발주자와 1차적 계약관계의 업체를 '원청자'라 하며, 원청자와 하도급자의 관계를 '하청'이라고도 합니다.

사업추진 체계를 예를 들어 설명해보겠습니다. 최근 전국의 거의 모든 광역시가 도시철도를 건설, 운영하고 있습니다. 도시철도를 계획한 시는 이를 국토교통부에 제출하여 사업승인을 얻어야 합니다.

통상 도시철도는 국가와 지방이 각각 일정 비율을 투자하여^{이를 매칭펀드} (matching fund)라 함 건설되며 정부는 철도의 필요성, 연결성 등 국가의 교통정책과의 연계성 등을 평가하여 사업을 검토·승인합니다. 해당 철도노선에 대하여 사업승인을 받은 시는 이를 건설 프로젝트로 추진하게 됩니다. 이러한 과정은 사업추진 부서인 발주자가 해야 하는 가장 중요한 일이며, 이 과정에서 기술적 사항에 대한 설계 등을 전문기술업체에 도급을 주어 용역지원을 받을 수 있습니다.

도시철도의 건설계획을 수립하고 추진의 중심이 되는 부서는 해당 관청일 것입니다. 도시철도의 특수성을 감안하여 대개의 광역시는 이를 전담하는 부서, 즉 철도국 또는 도시철도건설본부 등을 두고 있습니다. 여기서 사업을 추진하는 주체인 시가 발주자가 됩니다. 이 사업에 A라는 회사와 B라는 회사가 각각 설계와 시공에 참여하였다면, A와 B는 각각 입찰에 의해 선정된 설계와 공사계약의 도급자입니다. A와 B는 발주자의 전문기술을 지원하기 위하여 다른 회사와 공동으로 도급하거나 전문업체에 하도급할 수 있습니다. 물론, 이때의 세부내용은 관련법과 발주기관의 입찰지침에 따라 이루어져야 하며, 하도급이나 공동도급의 범위를 제한하는 경우도 많습니다.

설계용역업/엔지니어링사업

 설계용역업^{또는 엔지니어링사업}은 생각을 구체화하고, 공사가 가능하도록 도면으로 그려내는 고도의 전문가적 기술을 활용하는 업역으로서 건설산업의 중요한 부분입니다. 건설용역업의 법적 근거는 엔지니어링산업진흥법으로 산업통상자원부가 담당하고 있습니다.

 엔지니어링산업진흥법에서 말하는 엔지니어링산업이란, 엔지니어링 활동을 통하여 경제적 또는 사회적 부가가치를 창출하는 산업으로 통상 말하는 설계용역업이 이에 해당합니다. 엔지니어링활동이란 과학기술 지식을 이용하여 수행하는 제반 사업을 말합니다. 연구, 기획, 타당성 조사, 설계, 분석, 계약, 구매, 조달, 시험, 감리, 시험운전, 평가, 검사, 안전성 검토, 관리, 매뉴얼 작성, 자문, 지도, 유지 또는 보수, 사업관리가 이에 해당합니다. 엔지니어링활동을 영업의 수단으로 하는 자를 엔지니어링사업자^{설계용역업자}라고 합니다.

 엔지니어링활동에 관한 과학기술을 엔지니어링기술이라 하는데, 건설부문에서는 도로·공항, 항만·해안, 철도, 교통, 농어업토목, 도시계획, 조경, 구조, 수자원개발, 상하수도, 토질·지질, 측량·지적, 품질시험이 여기에 해당합니다. 엔지니어링기술자는 엔지니어링기술에 관하여 국가기술자격법에 따른 국가기술자격을 취득한 사람 또는 엔지니어링기술 관련 학력이나 경력을 가진 사람을 말합니다.

건설시장

다음은 우리의 업역이 되는 건설시장의 현황을 살펴보겠습니다. 건설시장은 정부지출의 의존도가 매우 높고 부동산경기 등에 크게 영향을 받습니다. 또 정부 외에도 공기업이나 민간사업자가 지출하는 건설예산도 시장에 영향을 미칩니다. 일례로 정부^{국토교통}의 SOC^{Social Overhead Capital-사회간접자본} 예산은 해마다 약 20~25조 수준을 유지하고 있습니다. 건설산업은 부가적 매출효과와 산업전반에 미치는 영향이 매우 커서 전체 경기가 침체할수록 경기활성화를 위해 예산을 늘려 건설경기를 부양하는 경우가 많습니다. 경기가 침체될수록 건설시장이 활성화되는 경우가 많다는 것이죠.

건설업체 수는 장차 여러분이 취업할 직장의 수와도 관계가 되므로 한번 들여다볼까요? 지난 5년간 건설업체의 총수는 6만 개를 상회하고 있고 2015년 현재 66,990개 기업에 이르고 있습니다. 이 가운데 종합건설업이 11,157개입니다. 건설업체 수는 최근 들어 조금씩 늘고 있는 추세입니다.

건설업체 수가 늘어나는 데는 경기변화와도 관계가 있는데, 내수 진

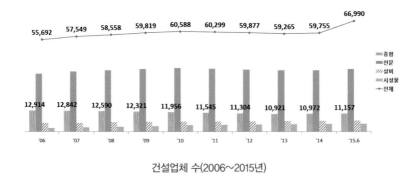

건설업체 수(2006~2015년)

작을 위한 SOC 예산 증가, 부동산경기 활성화 등에 기인한 것으로 보입니다. 2014년 4분기 이후 여러 지표가 건설경기가 호전되고 있음을 보이는데, 우선 건설업체의 부채비율이 다소 완화되고 있고, 추락하던 매출액영업이익률과 순이익율도 상승 조짐을 보이는 것 등입니다.

성장위주의 사회에서 관리형 사회로 전환되면서 건설시장은 그동안 양적 팽창에서 이제는 질적 향상 혹은 고도화라는 주제가 건설산업 전반의 화두로 떠오르고 있습니다. 당분간 양적인 부분은 다소 축소될 수 있으나, 유지관리, 재해대책, 시설수준향상, 해외시장개척 등을 통해 성장노력은 지속될 것입니다.

건설사업의 수행체계

이제까지 건설을 '산업'의 관점에서 살펴보았는데, 이제 어떤 사업을 대상으로 사업추진체계를 들여다보겠습니다. 건설사업의 사업추진체계를 이해하는 것은 건설산업을 이해하는 데 매우 중요합니다. 건설사업은 공장의 생산조건과 달리 토지를 소요로 하며, 계획, 설계, 시공, 운영이 서로 다른 업역에 속해 있고 사업수행기간이 길며 사업추진 중 다양한 요인에 의해 변경가능성을 내포하는 특징을 가지고

계획 ▶	설계/ 엔지니어링 ▶	건설 ▶	(인계인수) ▶	운영 및 유지관리
• 프로젝트 개념 정의 • 경제적 타당성 분석 • 환경영향평가	• 발주처의 요구사항에 적합하게 설계 • 구조, 수리, 지반 등의 다양한 영역의 엔지니어가 참여	• 설계도면과 시방서를 중심으로 시공 • 다양한 관리활동 (비용관리, 일정관리, 자원관리, 품질관리, 안전관리 등)	• 플랜트와 같이 복잡한 구조물에 필수적인 단계 • 시운전을 위한 전문인력 참여	• 시설물 공용 중 지속적인 유지관리 활동 • 최근 시설물 노후화로 중요도가 높아지고 있음
• 주체 : 발주처 • 협력 : 엔지니어, 설계 및 공사관리자 등	• 주체 : 구조, 수리, 지반, 환경 엔지니어 간 협업	• 주체 : 시공업체 (종합건설업체, 전문건설업체) • 협력 : 감리업체	• 주체 : 시공업체 (주로 플랜트)	• 주체 : 발주처 • 협력 : 유지관리 전문업체 및 보수보강 전문업체

건설사업의 라이프 사이클 예

있습니다.

건설사업의 일반적인 추진절차는 '계획 → 설계/엔지니어링 → 시공 → (인계인수) → 운영 및 유지관리'의 단계로 이루어집니다. 사람이 태어나서 유년기, 청소년기, 청년기, 장년기, 노년기를 거쳐 죽음에 이르는 것처럼 시설물의 생산과 사용도 일련의 생애주기^{life-cycle}를 갖는다고 할 수 있습니다.

건설사업의 라이프 사이클을 살펴보면 건설사업의 참여자는 발주

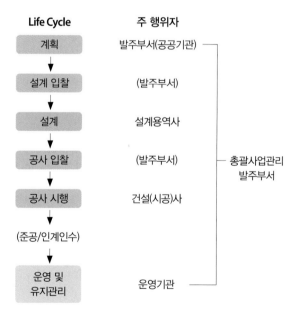

건설공사의 라이프 사이클 및 단계별 참여자 예

자, 설계자, 시공자 그리고 운영자로 구분할 수 있습니다. 토목전공자는 거의 대부분 이 중 한 분야의 직업을 선택하게 될 것입니다. 물론, 사업을 총괄해서 관리하는 주인은 발주기관(자)이며, 사업의 각 단계에서 설계자와 시공자가 계약에 의거 사업에 참여하게 됩니다. 완공된 시설은 발주자가 직접 운영하기도 하지만 대개는 별도의 운영기관을 설립하여^{예, 도시철도 등} 운영하기도 합니다. 따라서 사업추진에 있어서 각 참여자별로 나름의 역할을 수행하여 목표한 구조물^{목적물}을 완성해나가는 것입니다.

건설사업 참여 주체와 주요 역할

참여 주체	주요 역할	주요 수행 내용
발주자	• 사업관리 • 법적·행정적 책임	사업일정, 건설비용, 노선
설계자	• 설계용역 제공 • 설계 책임	구조, 안정성 및 사용성, 건설공법, 보조공법
시공자	• 목적물 건설 • 공사 책임	사용 장비, 재료 선정, 공기, 품질 유지
운영자	• 목적물의 기능 유지 • 하자 관리	안전진단, 유지관리 계측

사업추진의 각 단계별로 누가 주 행위자가 되어, 어떤 업무를 수행하는지 알아보겠습니다.

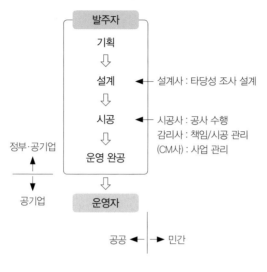

건설사업의 참여 주체 예

기획 및 계획단계 planning phase

   어느 지역에 특정 시설물예. 교량에 대한 수요와 필요성이 발생하면 책임이 있는 관할관청은 신규 교량 건설에 대한 기획과 계획을 하게 됩니다. 이때는 프로젝트의 개념, 경제성, 환경영향, 타당성 등에 대한 전반적인 분석과 평가가 이루어집니다. 교량을 건설했을 경우 사용자가 얻을 수 있는 편익 benefit과 교량 건설에 필요한 비용 cost을 비교해서 편익이 크다고 판단되면 프로젝트는 추진의 타당성을 인정받습니다. 물론 경제성뿐만 아니라 환경에 대한 영향과 지속발전 가능성,

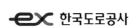

건설의 기획과 계획을 담당하는 공공 주체들 예

정책적 타당성 등에 대한 종합적이고도 다각적인 분석을 통해 추진여부가 결정되는데, 이러한 과정을 타당성 조사feasibility study라고 합니다.

이런 업무의 수행주체는 주로 정부기관예. 국토교통부, 서울특별시, 경기도와 같은 지방자치단체, 한국도로공사 등과 같은 공기업입니다. 사회기반시설 대부분이 국가에서 재정을 투입하여 건설이 이루어지기 때문에 공무원공기업이 주로 이러한 업무를 담당합니다. 이때 발주처는 다양한 분야의 경험 있는 업체에 기술용역을 도급하여 업무를 수행하기도 합니다. 예를 들어 구조 엔지니어는 어느 정도의 자금으로 어느 형식의 교량이 타당할지에 대한 자문, 교통 전문가는 교량이 신설되었을 경우 주변 도로에 미칠 교통 영향에 대한 자문, 환경 엔지니어의 환경성 자문 등을 통해 프로젝트가 경제적, 기술적, 환경적으로 타당하다고 판단되면 발주처는 다음 단계인 설계를 추진하게 됩니다.

설계단계 design phase

설계란 요구되는 시설의 규모, 재료, 시공법 등을 구체적으로 결정하는 일입니다. 설계단계에서는 다양한 분야의 엔지니어들이 협동하여 발주자가 요구하는 품질과 안전수준을 만족시킬 수 있도록 구조물의 도면을 작성합니다. 이를 위해서는 구조, 수리, 지반, 측량 등 토목공학분야의 전문적인 지식이 요구됩니다. 보통 설계^{엔지니어링}업체에 이런 전문 엔지니어들이 일하고 있습니다. 이들 전문가 그룹은 가장 경제적이면서 효율적이고 성능이 우수한 목적물의 설계를 도출해냅니다.

또한 시설물을 구성하는 요소의 재료나 시공방법 등을 결정하며 이에 따라 교량 건설에 필요한 정확한 비용과 일정을 산정합니다. 설계가 마무리 되면 설계도면과 시방서 등을 바탕으로 발주자는 적합한 시공자를 선정하기 위해 공사를 입찰에 부치게 됩니다. 이 입찰 과정을 거쳐 선정된 시공업체가 공사를 수행하게 됩니다.

시공단계 construction phase

시공은 설계도면과 시방서를 바탕으로 현장에서 목적물을 물리적으로 구현해내는 단계를 말합니다. 즉, 도면에 따라 시설물을 짓는 것이지요. 시공사는 훈련된 전문기술인력, 건설장비 그리고 공사재료를 투입하여 공사를 수행하게 됩니다. 프로젝트의 생애주기 중 이 시공 중에 투입되는 비용이 가장 높습니다. 이때 가장 중요한 것은 계약된 비용으로 주어진 공사기간^{이하 공기} 내에 시공을 완료해야 한다는 것인데 모든 프로젝트가 그러하듯 건설 프로젝트 역시 정해진 기한 내에 한정된 비용으로 완료해야 합니다.

제한된 공기와 비용을 맞추기 위해 시공단계에서는 다양한 관리 활동이 이루어집니다. 공사에 투입되는 자원을 효과적이고 효율적으로 관리하기 위한 '자원관리'부터 비용을 효율적으로 쓰기 위한 '비용관리', 공사 스케줄이 계획에 맞게 수행되도록 하는 '일정관리', 작업원의 안전을 위한 '안전관리', 목적물이 요구되는 품질의 기준을 만족시키는가를 확인하기 위한 '품질관리', 미래에 발생할 수 있는 위험요소를 사전에 발굴하여 조치를 취하는 '리스크관리' 등이 공사관리 기술의 핵심입니다.

보통 중요한 시설물의 경우 시운전 단계를 거친 후 운영 단계로 들어갑니다. 시운전은 시설물이 발주처의 의도대로 가동되는지 여부를 확인하는 절차입니다.

운영 및 유지관리단계 operation phase

시운전이 완료되면 운영 및 유지관리단계로 넘어가게 됩니다. 즉, 시민들이 시설물을 실질적으로 이용하는 단계입니다. 사용자의 입장에서 보면 시설물을 사용하는 것이지만 관리차원에서 보면 시설물이 안전하게 사용될 수 있도록, 지속적인 유지관리 업무를 수행하는 일입니다.

완공된 시설물의 운영은 사업시행자가 직접 운영하는 경우도 있지만, 도시철도와 같이 '도시철도공사'를 설립하여 운영을 전담하게 하는 경우도 많습니다. 운영기관은 시설물의 유지관리 책임도 함께 맡게 됩니다.

이 단계에서는 보수·보강 등 유지관리 업무를 수행합니다. 최근에는 시설물의 안전에 국민적 관심이 높아졌고 구조물의 노후화 진행에 따라 유지관리에 많은 투자가 이루어지고 있습니다. 안전하게 '짓는 것'도 중요하지만 건전하게 '관리하는 것'도 중요하다는 인식에 따른 것입니다. 이런 추세는 앞으로도 계속될 것으로 보입니다. 따라서 유지관리, 안전진단 업무는 토목분야의 업무업역으로서 그 중요성이 점점 더 강조되고 있고, 시설의 증가와 함께 업역도 확장될 것입니다.

민간투자사업

공공시설이라고 해서 반드시 정부예산을 투입하여 건설하는 것일까요? 사회기반시설의 경우 대부분 정부의 재정투자에 의해 이루어져왔으나, 1980년대 이후 급속한 경제발전과 국민생활수준 향상에 따라 도로, 철도, 교육시설 등 사회간접자본시설에 대한 수요가 증가하였고 한정된 정부재원만으로는 한계가 있기에 사회간접자본시설에 민간이 투자하도록 정부가 지원하는 방식의 사업이 도입되었습니다 이를 규정한 법이 '사회기반시설에 대한 민간투자법'입니다. 사회기반시설SOC의 건설이 세금이 아닌, 민간의 자본을 활용하여 추진할 수 있음을 살펴보는 것도 의미가 있을 것입니다.

이는 기본적으로 민간자본을 이용하여 인프라를 건설하고, 운영권 등을 부여하여 수익보장 등을 통해 시설을 운영하므로, 세금을 활용하지 않고 사회기반시설의 편의를 제공할 수 있습니다. 민간투자사업은 시설의 운영, 소유권 등의 민·관 협약형태에 따라 BTO, BTL, BOT, BOO 등의 방식이 있습니다.

BTO Build-Transfer-Operate

민간투자회사가 SOC를 건설하여 소유권을 국가나 지방자치단체에

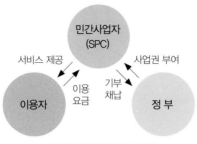

BTO방식의 민간투자 사업

양도하고, 일정기간^{통상 30년} 시설관리운영권을 부여 받아 운영하는 방식입니다. 일반적으로 도로·철도·항만 등 운영에 따른 충분한 사용료 수익으로 투자금 회수가 예상되는 시설을 대상으로 시행합니다. 민간투자자는 준공 후 약정된 시설관리 운영기간 동안 시설사용자로부터 직접 이용료를 징수하여 수익을 올리고 투자금을 회수하게 되므로 '수익형 민간투자사업'이라고도 합니다. 민간투자자는 일반적으로 별도의 회사Special Purpose Company, SPC를 설립하여 완성된 시설을 운영하는 경우가 많습니다.

BTLBuild-Transfer-Lease

민간투자회사가 SOC를 건설하여 이의 소유권을 정부에 이전^{기부채납의 형식}하고, 그 대신 일정기간 시설관리운영권을 인정받아 투자비를 회수하는 방식입니다. 주로 공공시설사업에 해당하는데, 이들 사업

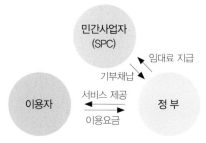

BTL방식의 민간투자 사업

은 사용자로부터 사용료 부과가 어렵거나 사용료 부과만으로는 투자비 회수가 어려운 교육·문화·복지시설 등을 대상으로 이루어지며, 주로 정부가 적정수익률을 보장해주는 방식으로 시행됩니다.

이밖에도 BOT^{Build-Own-Transfer}는 민간투자회사가 SOC 시설을 건설·소유하여 시설을 운영하고 계약기간 종료 시에 시설소유권을 정부에 양도하는 방식이며, BOO^{Build-Own-Operate}는 민간투자회사가 SOC 시설을 건설하고 소유하여 그 시설을 운영하는 방식입니다.

민간투자사업은 정부의 공모방식 또는 민간의 제안에 의해서 추진되는데, 기본적으로 민간투자자의 최소수익이 보장되어야 추진이 가능합니다. 이에 따라 민간투자의 범위와 정부의 지원조건을 조정하는 협상이 진행되며, 민간의 최소 수입보장^{Minimum Revenue Guarantee, MRG} 문제가 매우 중요한 이슈가 됩니다.

건설사업 추진과 관련된 법

　건설사업은 '계획 → 설계 → 시공 → 운영'의 단계로 진행됩니다. 이 과정에서 입찰, 설계용역도급, 공사도급 등 계약업무가 이루어집니다. 이러한 과정은 관련법에 따라 이루어져야 하는데, 계약과 관련하여서는 '국가를 당사자로 하는 계약에 관한 법률', 사업의 추진과 관련해서는 '건설기술진흥법^{이하 건진법}'이 중요합니다. 이밖에도 건설사업의 성격, 추진방식에 따라 다양한 법률에 근거하여 사업을 진행합니다. 특히, 공공기관^{발주기관}에 속하는 업무를 담당하는 경우 법률의 준수는 매우 중요합니다.

　건진법이 다루고 있는 내용은 건설기술의 연구/개발 지원, 건설기술자의 육성, 건설기술용역, 건설공사의 관리, 건설공사의 품질 및 안전 관리, 건설기술용역업자 등의 단체 및 공제조합 등이며, 또한 건설

잠깐, 알고 갈까요?

건설기술진흥법

1987년 제정된 건설기술진흥법은 건설기술의 연구/개발을 촉진하여 건설기술 수준을 향상시키고 이를 바탕으로 관련 산업을 진흥하여 건설공사가 적정하게 시행되도록 하며, 건설공사의 품질을 높이고 안전을 확보함으로써 공공복리의 증진과 국민경제의 발전에 이바지함을 목적으로 제정된 건설사업추진의 근간이 되는 법입니다.

기술용역업에 대한 정의와 아울러 건설 신기술에 관한 내용을 다루고 있습니다.

업무별	공사절차	참여주체(예)	관련법
계획	사업 구상	발주기관	• 건설기술진흥법 • 지방재정법 • 사회기반시설에 대한 민간 투자법
	타당성 조사·분석	기획재정부, 한국개발연구원(KDI)	
	기본계획	발주기관	
설계	조달·계약	발주기관, 조달청	• 국가계약법 • 지방계약법 • 건설기술진흥법 • 엔지니어링산업진흥법 • 건축서비스산업진흥법 • 건축법 • 건축사법 • 환경 관련 법률 • 소방법
	기본설계, 건설사업관리	설계업체, 건설사업관리, 엔지니어링업체, 건축설계사무소 등	
	실시설계, 건설사업관리		
공사	공사계약	발주기관, 조달청	• 지방계약법 • 건설기술진흥법 • 건설산업기본법
	건설사업관리	설계용역업체	
	시공	시공업체	
	평가 (시험·시험운전)	관련 업체 및 기관	
운영 및 유지관리	사후관리 (안전 진단)	시설안전공단, 안전진단업체 등	• 건설산업기본법 • 시설물유지관리에 관한 특별법
	유지보수	유지관리업체 보수·보강, 개량업체	

건설사업시행 절차 및 관련법

자격증 제도와 교육훈련

건설기술자는 건설사업의 생애주기^{기획 및 계획단계, 설계단계, 시공단계, 시운전단} ^{계, 운영 및 유지관리단계}에 참여하는 모든 기술자를 의미합니다. 기술자의 학업의 정도나 경험 정도에 따라 프로젝트의 책임능력 등을 부여하기 위해 정부는 자격증 제도와 기술자등급기준을 운영하고 있습니다.

기술자격은 국가가 정한 업무경험요건을 만족하는 경우 기사, 기술사 시험을 통해 취득할 수 있습니다.

기술자 등급은 기술자가 보유하고 있는 자격증, 학력, 경력 등을 종합적으로 평가하여 초급, 중급, 고급, 특급기술자로 구분하고 있습니다.

기술자격과 등급

우리나라는 다양한 기술자격제도를 운영하고 있습니다. 토목분야의 경우 고교졸업생을 대상으로 하는 기능사자격이 있고, 대학졸업생에게 응시자격이 주어지는 기사자격이 있습니다.

기술자격 운영체계 예

토목기사

토목공학을 전공하는 대학생이 도전하게 되는 자격증은 토목기사입니다. 토목기사 시험에는 4년제 토목전공 대학졸업자 또는 졸업예정자4학년에 재학 중인 자가 응시할 수 있습니다. 2년제 대학의 경우 졸업 후 2년 이상 실무에 종사한 경우 시험에 응시할 수 있는데, 시험은 필기와 실기로 나누어져 있습니다. 필기시험은 현재 응용역학, 측량학, 수리학 및 수문학, 철근콘크리트 및 강구조, 토질 및 기초, 상하수도공학 등 총 6개 과목으로 구성되어 있으며, 과목당 4지 택일형 20문항을 포함합니다. 실기시험은 토목설계 및 시공 실무와 관련된 약 25개의 기술형, 풀이형 문제를 3시간 안에 풀어야 합니다. 필기시험은 100점 만점 기준 과목당 40점 이상, 전 과목 평균 60점 이상을 받아야 합격하며, 실기시험은 100점 만점 기준에 60점 이상을 받아야 합니다.

토목기사 응시요건 예

기술자격 소지자	관련 학과 졸업자	순수경력자
• 동일(유사) 분야 기사 • 산업기사 + 1년 • 기능사 + 3년 • 동일종목 외 외국자격 　취득자	• 대졸(졸업예정자) • 3년제 전문대졸 + 1년 • 2년제 전문대졸 + 2년 • 기사수준의 훈련과정 이수자 • 산업기사수준 훈련과정 이수 + 2년	• 4년 　(동일, 유사 분야)

토목기사 시험과목 예

구 분	시험과목	검정방법 및 시험시간
필기시험	• 응용역학 • 측량학 • 수리학 및 수문학 • 철근콘크리트 및 강구조 • 토질 및 기초 • 상하수도공학	객관식 4지 택일형 과목당 20문항(과목당 30분)
실기시험	• 토목설계 및 시공실무	필답형(3시간)

토목기술사

이제 막 토목의 첫발을 내딛기 시작한 사람들에게는 다소 먼 이야기가 될지 모르나 일생의 경력설계에 참고가 되도록 자격증의 최고 등급인 기술사에 대해 알아보겠습니다. 토목기술사는 토목의 특정 분야에서 전문가임을 자격증으로 공인받는 것입니다. 토목기술사에 도전하기 위해서는 어떻게 해야 할까요? 우선 토목 관련 기술사에는 토목구조기술사, 토질 및 기초기술사, 상하수도기술사, 토목품질시험기술사, 도로 및 공항기술사, 수자원개발기술사, 토목시공기술사, 항만 및 해안기술사 등이 있습니다.

기술사 시험에 응시하기 위해서는 토목기사를 취득한 뒤 건설분야에서 4년 이상, 토목기사 자격증이 없는 경우에는 6년 이상의 실무 경력을 쌓아야 응시가 가능합니다.

시험과목은 기술사의 종류에 따라 다릅니다. 예를 들어 토목시공기술사의 경우 시공계획, 시공관리, 시공설비 및 시공기계, 기타 시공 4과목의 단답형 및 주관식 필기시험을 각 100분씩 총 400분에 걸쳐 치러야 합니다. 필기시험 점수가 100점 만점에 60점 이상이면 시험에 통과하고 구술형 면접시험을 치르게 됩니다. 면접시험의 점수가 60점 이상이면 기술사 자격증을 받을 수 있습니다. 기술사 시험의 경우 분야별 전공지식의 구체적인 내용까지 알아야 하므로 기술사에 대한 목표는 인생설계로 준비하는 것이 좋을 것입니다.

노헌승

기술사 시험을 처음 준비하기 시작한 것은 입사하고 4년쯤 되었을 때였습니다. 대학교 4학년 토목기사를 취득하고 입사 이후 자기계발을 위해 도시계획기사를 취득했지만, 막상 기술사를 도전하려고 하니 엄두가 나지 않았습니다. 기술사 시험을 응시하기 위해서는 실무경력 4년이라는 조건이 필요하고, 직장생활을 하면서 필기시험을 준비하는 것이 불가능하다고 생각했기 때문입니다. 하지만 주변 동료들의 합격소식을 접하면서부터 '나도 할 수 있지 않을까?'라는 생각이 들기 시작하였고, 도전해보기로 마음 먹게 되었습니다.

기술사는 종류도 다양합니다. 응시자가 가장 많은 토목시공기술사, 토질 및 기초, 도로 및 항만, 상하수도 기술사 등 토목의 전문분야에 해당하는 다양한 기술사 시험이 있습니다. 일반적으로 특정 전문분야 전공이 아니고 시공업무를 담당해왔다면 시공기술사에 도전하는 것이 무난하다고 봅니다. 저는 토목시공기술사를 준비했습니다. 사실 처음에는 이왕할 거면 전문기술사를 해야겠다는 생각에 상하수도기술사 서적을 사서 독학을 시작했는데, 몇 번 도서관에서 공부를 하다가 포기했습니다. 그러다 회사동료와 뜻이 맞아 함께 본격적으로 기술사 공부를 시작했습니다.

기술사 시험은 필기와 면접으로 구성되어 있습니다. 필기시험은 총 4교시에 걸쳐 진행되며 1교시마다 100분의 시간이 주어집니다. 저의 경우 1교시는 용어문제로 13문제 중 10문제를 선택하여 기술하고 2, 3, 4교시는 논술로 6문제 중 4문제를 선택하여 기술하는 형식이었습니다. 1교시부터 4교시까지 푼 문제의 평균점수가 60점 이상을 받으면 합격입니다. 필기시험의 작성분량이 정해져 있지는 않으나, 1교시 용어는 1페이지 이상, 2, 3, 4교시 논술은 3페이지 이상은 작성해야 합격권 점수 획득이 가능하다는 것이 대다수 합격자들의 공통된 의견입니다. 총 400분의 시간 동안 46페이지 이상을 써내야 한다는 결론이 나오고 답안작성만으로도 상당한 지구력이 필요하며, 시간이 넉넉하지 않기 때문에 시험장에서 충분히 생각하여 답안작성을 하겠다는 생각은 안 하는 게 좋을 것 같습니다.

면접은 필기합격자에 한해 2년간 기회가 주어집니다. 3명의 면접관이 10~20분 정도 면접을 진행하고, 필기와 마찬가지로 평균 60점 이상 받아야 합격입니다.

첫 시험에서 '내가 기술사를 취득할 수 있을까?'란 의문이 들었습니다. 전문적인 내용을 기술하기엔 시험에서 주어지는 시간이 부족했을 뿐 아니라 출제 문제 중 절반 이상은 모르는 문제였습니다. 결국 저는 2번의 시험을 더 도전하고 나서야 합격할 수 있었으며, 기술사 시험의 특성을 이해하지 못한다면 오랜 시간이 걸릴 수밖에 없다는 것을 알게 되었습니다.

제가 준비하면서 느꼈던 기술사 시험의 특성과 준비에 대한 생각을 몇 가지 말씀드리겠습니다.

첫째, 기술사 시험을 암기해서 볼 생각은 버려야 합니다. 시중에 나와 있는 기술사 수험서를 보고 기출문제를 풀어보려고 한다면, 풀 수 있는 문제가 많지 않습니다. 출제범위가 워낙 방대하여 1~2권의 책에 관련 내용 모두를 담기에는 어렵기 때문에 기술사 수험서에는 출제 빈도가 높은 문제들만 수록할 수밖에 없습니다. 하지만 출제 빈도가 높은 문제만 공부해서는 합격하기 어렵습니다. 그렇다고 모든 분야의 내용을 차근차근 공부해간다면, 몇 년을 공부한다 해도 다 못 할 것입니다 그래서 응용이 필요합니다. 우리가 구구단을 외워서 여러 자리의 곱셈을 계산하듯 기본 내용을 충실히 학습하고 응용하여 답안 작성을 해야 합니다. 내가 알고 있는 2~3줄의 내용을 1페이지 이상으로 만들 수 있을 정도로 연습해야 합니다. 기술사 시험의 답변은 전반적인 구성이 좋아야 하며 쉽고 명료한 내용으로 작성하는 경우 좋은 점수를 얻게됩니다.

둘째, 매일 꾸준하게 공부하는 것이 좋습니다. 기본적인 기술사 시험의 출제분야와 답안지 작성에 필요한 내용이 이해가 되었다면 꾸준한 학습이 뒷받침되어야 합니다. 시간이 지나면 학습한 내용을 잊어버리기 때문에 시험 볼 때까지 매일 학습해야 합니다. 하루 이틀 정도 거를 순 있겠지만 일주일에 한 번 '주말에 몰아서 해야지'란 생각으로는 합격이 어렵습니다. 매일 실전처럼 답안작성 연습이 기본으로 되어야 합니다. 하지만 직장생활에 지쳐 피곤한 몸으로 매일 한 시간 이상 공부한다는 것은 결코 쉬운 일이 아닙니다. 저는 저녁보다 새벽시간에 공부를 했습니다.

저녁에는 아무래도 회식이나 야근 등으로 꾸준히 공부하기 어렵기도 하고 효율도 새벽이 더 좋아 꾸준히 공부할 수 있었습니다.

셋째, 시험 준비하는 시간이 장기적이 될수록 합격할 가능성이 낮아집니다. 이제 와 돌이켜보면 시작이 반이라는 말처럼, 기술사 시험을 도전하려는 마음을 먹기까지가 어려웠습니다. 주말에 데이트, 친구들과의 모임, 개인 취미생활 등 포기해야 될 것들이 너무 많게 느껴지고, '도전하고 나서 취득을 못하면 어떡하지?'라는 두려움도 있었지만, 막상 공부를 시작하면서부터 그런 막연한 두려움보다는 할 수 있다는 생각이 더 커져 갔습니다. 아는 만큼 보인다는 말처럼 기술사 공부를 시작하면서부터 내가 몸담고 있는 현장의 문제점들이 보이기 시작했습니다.

기술사가 되기 위해서 무엇 보다 중요한 것은 전문분야에 대한 '산지식'이라고 생각합니다. 공부해서 얻는 지식이 아니라 실무를 통해서 체득한 실무능력이란 말이죠. 따라서 평소에 일을 하면서 모든 경험을 자신의 지식체계로 축적해가는 노력이 기술사 시험의 근본적인 준비자세가 아닐까합니다.

기술사는 도전하는 것 자체만으로도 업무 전반에 대한 체계화를 이루는 데 큰 도움이 될 것이라고 봅니다. 기회가 있다면 주저하지 말고 도전하시기 바랍니다.

기술등급체계

　기술자격과 함께 건설기술자 기술등급체계도 운영되고 있습니다. 기술등급은 기술자가 취득한, 혹은 이수한 모든 이력을 종합하여 정해집니다.

　건설기술자의 등급은 역량지수라는 것으로 결정됩니다. 여기서 말하는 역량지수란, 자격, 학력, 경력, 교육을 모두 고려하여 계산하는 점수입니다.

　일례로 토목기사 자격증을 취득하면 자격점수를 30점, 4년제 대학을 졸업하면 학력점수를 20점, 총 50점의 역량지수를 받아 역량점수가 35점 이상 55점 미만인 초급기술자 등급에 해당됩니다.

기술자별 등급

기술등급 \ 구분	설계·시공 등의 업무를 수행하는 건설기술자	품질관리 업무를 수행하는 건설기술자	건설사업관리 업무를 수행하는 건설기술자
특급	역량지수 75점 이상	역량지수 75점 이상	역량지수 80점 이상
고급	역량지수 75점 미만 ~65점 이상	역량지수 75점 미만 ~65점 이상	역량지수 80점 미만 ~70점 이상
중급	역량지수 65점 미만 ~55점 이상	역량지수 65점 미만 ~55점 이상	역량지수 70점 미만 ~60점 이상
초급	역량지수 55점 미만 ~35점 이상	역량지수 55점 미만 ~35점 이상	역량지수 60점 미만 ~40점 이상

역량점수 산출을 위한 경력점수는 건설기술자가 실제 건설현장에서 일한 경력에 따라 계산됩니다. 마지막 역량점수 항목인 교육점수는 건설기술교육원, 건설산업교육원 등 국토교통부가 인정한 교육기관에서 이수한 교육시간에 따라 35시간 마다 1점의 배점을 부여 받습니다. 예를 들면 만점[3점]을 받기 위해서는 105시간의 교육을 이수해야 합니다.

우리나라에는 현재 특급기술자 138,826명, 고급기술자 96,760명, 중급기술자 70,594명, 초급기술자 368,310명이 등록되어 있습니다[2013년 기준]. 건설 회사를 설립하고자 하는 사람은 법령에 따라 의무적으로 적정 수의 건설기술자를 고용하도록 되어 있습니다.

건설기술교육

자격증 및 전문교육을 통한 기술자의 경력관리가 필요한 이유는 무엇일까요? 그 해답은 교육훈련의 기본적인 이유에서 찾을 수 있습니다. 한번 배운 지식도 계속해서 일깨워 산지식으로 만들 필요가 있고, 새롭게 개발되는 기술과 축적되는 경험을 습득하여야 발전이 이루어질 수 있습니다.

또한, 글로벌 시장이 요구하는 질적 역량강화를 위해 자격증 및 교육제도를 활용하여 개인의 기술능력을 관리하는 것이 필요합니다. 기술의 질적수준 관리가 필요한 것이지요. 자격증을 취득한 이후에도 본인이 수행 중인 또는 관심이 있는 건설 업무에 대한 역량을 다양한 교육활동을 통해 강화해 나가는 것이 중요합니다. 이를 위하여 국토교통부 지정 교육훈련기관에서 건설기술자로서 갖춰야 하는 소양과 건설 관련 법령 및 제도 등에 대한 이해 증진을 위한 기본교육을 실시하고 있습니다. 또한 개개인의 기술수요에 맞춰 해당 분야 전문 기술능력 향상을 위한 전문교육도 실시하고 있습니다.

　건설기술진흥법은 건설기술자가 업무 수행에 필요한 소양과 지식을 습득하기 위하여 교육을 받아야 함을 명시하고 있습니다. 특히, 기술자격을 취득한 후 기술능력향상을 위해 일정 기간마다 법정교육을 받도록 하고 있습니다.

건설기술 교육기관은 전국에 총 13기관이 설립되어 있으며, 그중 건설기술교육원은 1978년 창설된 이후로 연평균 3만 명 이상의 건설기술자들을 교육하고 있습니다.

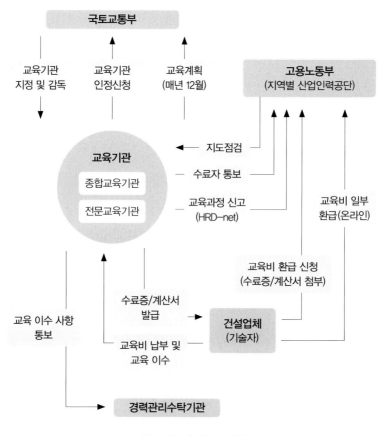

건설 관련 교육 관리체계 예

교육대상은 각 법령에 따라, 건설기술자, 용역 업체에 고용되어 근무하는 건설기술자, 주택건설사업 또는 대지조성사업에 종사하는 건설기술자, 엔지니어링사업건설기술 관련 분야의 엔지니어링 사업으로 한정에 종사하는

건설기술자, 기술사법에 따른 기술사 사무소^{건설기술 관련 분야의 기술사 사무소}
로 한정에 근무하는 건설기술자, 안전진단전문기관에 소속되어 근무하
는 건설기술자, 수로사업에 종사하는 건설기술자, 발주청에 소속되
어 근무하는 건설기술자 등 거의 모든 기술자를 대상으로 하고 있습
니다.

　건설기술자의 교육과 훈련은 국토교통부의 고시 및 훈령으로 시행
됩니다. 건설 교육기관의 지정 및 교육계획의 승인 등도 국토교통부
에서 담당합니다. 기술자격을 관리하는 기관은 고용노동부의 산업관
리공단이며, 각 교육기관은 교육과정의 신고, 수료자 통보 등을 이행
합니다. 고용노동부는 교육기관의 지도점검과 일부 비용지원을 담당
합니다.

관련 기관과 단체

건설산업은 국민이 원하는 시설물을 공급하는 역할을 합니다. 공공부문에서 사업을 기획하고 주관해가며 설계·시공업체가 참여하여 목적물을 구현해내고 있습니다. 하지만 이러한 직접 사업참여자들 외에도 업역의 많은 주체들이 단체, 협회, 학회 등을 설립하여 건설사업과 관련된 활동을 하고 있습니다. 그렇다면 건설산업과 관련된 토목전공자가 관심을 가질 수 있는 관련 기관과 단체에는 어떤 곳들이 있을까요? 이의 대표적인 기관은 학회, 협회 등을 들 수 있습니다. 정부지원기관의 성격을 갖는 단체, 학술교류를 위한 학회, 그리고 기업 간 업역 활성화를 위한 협회 등도 대표적 건설 관련 기관이라 할 수 있습니다.

학회를 학문적인 연구 교류를 위한 비영리기관이라고 본다면 협회는 기업 간 업역 활성화와 공동이익을 추구하는 기관입니다.

학회

'학회'의 국어 사전적 정의는 '학문을 깊이 있게 연구하고 더욱 발전

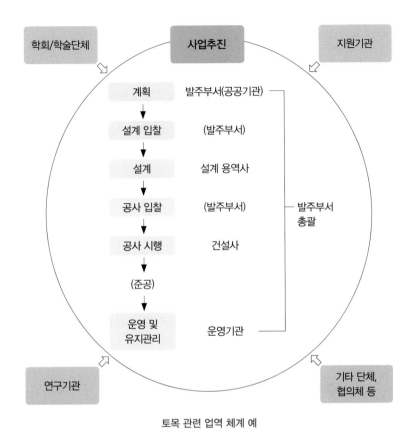

하게 하기 위하여 공부하는 사람들이 만든 모임'입니다. 이에 대한 대
표적 영어표현은 'Society'와 'Association'입니다. 'Association'은 같은
목적을 가진 사람들의 모임, 연합, 협회이며, 'Society'는 같은 목적을
가진 사람들의 모임 중에서 남들과 다른 공통적인 특징이나 직업, 계

층의 모임을 말합니다.

　토목과 관련해서도 많은 학회가 설립되어 운영되고 있습니다. 학회는 비영리 기관으로서 학문발전과 회원의 공동이익을 증진하기 위하여 운영되며, 관련 업역의 정책제안, 업역 활성화 등 사회적 역할이 점점 더 중요해지고 있습니다.

　토목분야의 대표 학회는 대한토목학회Korean Society of Civil Engineers, KSCE 입니다. 대한토목학회는 토목공학의 발전과 토목기술자의 자질향상을 도모함으로써 토목인의 지위향상과 학술, 기술 및 건설산업의 발전을 통해 사회와 국가에 기여함을 목적으로 설립되었습니다. 또한 토목기술의 연구와 지도, 토목정책에 대한 조사와 건의, 정부, 기타 공공단체가 행하는 토목사업에 대한 기술협조, 기술자간의 상호친목 및 협조를 위해 노력을 기울이고 있습니다. 대한토목학회가 본 안내서를 기획하고 출판함으로써 미래 토목인의 진로 선택을 돕고자하는 것도 이러한 학회설립취지에 따른 것입니다.

　기술 및 분야에 따라 각 전문학회도 다수 활동하고 있습니다. 한국콘크리트학회, 한국수자원학회, 한국지반공학회, 터널지하공간학회, 방재학회 등의 여러 전문학회가 전문 기술의 발전과 엽역의 활성화, 그리고 정부에 대한 정책 제언 활동 등을 활발히 수행하고 있습니다.

협회

협회는 특정 엽역의 공동이익을 위한 단체입니다. 토목과 관련한 협회 중 대표적인 기관은 대한건설협회입니다. 이 협회는 건산법에 따라 건설업자의 품위보전 및 상호협력의 증진과 권익옹호를 도모하고 건설업 관련 제도, 건설경제시책 및 건설기술의 개선향상을 추구함으로써 건설업의 건전한 육성발전에 공헌하는 것을 목적으로 설립되었습니다.

대한건설협회는 건설업에 관한 법령·제도 및 시책의 조사연구와 개선 건의, 건설업의 진흥 및 경영합리화에 관한 조사연구와 지도권장, 건설공사 시공기술의 향상에 관한 조사연구 및 지도, 건설업에 관한 조사통계 및 각종 건설 관련 정보의 수집·개발·보급, 건설기자재 가격 및 건설노임의 시세, 수급동향과 대책에 관한 조사연구, 건설업에 관한 외국의 정보 수집 및 제도의 조사연구, 건설기능인력의 양성, 건설기술자의 교육, 건설산업의 안전·보건 및 재해예방 관련 교육 등 건설업 진흥을 위한 교육 및 연구사업 그리고 건설경제신문의 발행, 회지·물가지 및 기타 정기·비정기의 간행 및 출판사업 등을 수행하고 있습니다.

이 외에도 전문건설협회 등 다양한 협회가 존재하며, 건설 관련 단체 간 상호 협력증진과 친목 도모, 건설산업 위상 제고와 건설환경 변화에 대한 공동 대응, 건설산업의 건전한 발전과 건설기술의 개선향상 추구 등을 위해 건설단체총연합회도 결성되어 있습니다.

기타 관련 기관

건설 관련 단체는 이밖에도 다양한 형태로 존재하며, 특정 목적을 위한 기업 간 협회가 공동의 이익을 위해 결성되어 있습니다. 이들 기관은 토목전공자가 많이 근무하고 있지는 않지만, 업역의 활성화 등을 고려할 때, 관심을 가져볼 만합니다.

이 외에도 토목전공자가 진출할 수 있는 다양한 관련 기관이 존재하는데, 특히 토목전공에 융합지식을 더하여 진출할 수 있는 분야들을 눈여겨 볼 만합니다. 이들 분야는 수요가 많지 않지만 건설사업의 추진에 있어 상당한 영향력을 갖고 있기에 미래 건설인들 중 토목공학과 타 전공의 융합에 관심이 있는 사람은 이러한 경력 설계를 계획해보는 것도 권장할 만합니다.

일례로 건설사업 수행에 있어 자금조달은 매우 중요하기 때문에 금융기관 또한 핵심 관련 기관으로 볼 수 있습니다. 토목사업에 대한 금융지원을 결정하기 위해서는 금융지식은 물론 무엇보다도 토목사업에 대한 이해가 높은 전문가가 필요하기 때문인데, 특히 해외건설의 경우 해외 발주처가 금융보증 등에 대한 요구를 하기 때문에 한국수출입은행 등의 역할도 중요합니다.

비슷한 맥락에서 개발도상국에 대한 원조개발 사업을 담당하고 있는 ODA^{Official Development Assistance}, World Bank, ADB^{Asian Development Bank} 등 국제기관에서도 건설 기반의 전문가 수요가 높아지고 있는 것도 참고할 만합니다.

이렇게 볼 때 건설산업과 관련된 기관과 단체는 모든 공학영역 중에서 가장 다양하고 양적으로도 최대임을 알 수 있습니다. 이는 무엇보다도 건설이 사회 발전 및 국민 복지를 위한 공공성을 띤 학문이기 때문이며, 토목전공자가 발휘할 수 있는 업무영역 또한 매우 넓고 다양하다는 것을 의미합니다. 100억 원 규모의 토목사업을 하나 수행하는 데 400개가 넘는 기관으로부터 800명이 넘는 인원이 관련된다고 합니다. 이렇듯 사회기반시설을 건설하는 것은 쉬운 일이 아닙니다. 하지만 그만큼 가치 있는 일입니다. 더불어 미래를 위한 새로운 가치를 창조하기 위해서는 토목전공자가 각 기관에서 본연의 역할을 충실히 수행하는 것이 무엇보다 중요할 것입니다.

건설산업과 사업추진체계의 이해, 직업탐구의 기초!

토목공학을 전공하면 주로 토목시설물 건설과 직접적으로 관련된 영역에서 직업을 갖게 되지만 건설사업의 융합적이고 복합적인 특성을 고려하면 업무의 영역이 아주 뚜렷하게 구분되는 것도 아닙니다.

시야를 좀 더 넓혀 볼까요? 2012년 국내의 한 건설기업이 이라크에서 발주한 신도시 건설사업을 수주했습니다. 단순히 건물이나 공장 아니면 도로와 같은 단일 시설을 건설하는 것이 아니라 하나의 도시를 건설하는 일이었습니다. 이러한 도시를 건설하기 위해서는 우선적으로 교통시설도로, 교량 등이 필요합니다. 이어서 주택시설아파트, 주택, 오피스텔 등 및 상업시설쇼핑센터, 상점 등의 건설도 필수적입니다. 뿐만 아니라 도시에 용수·오수를 공급·처리할 수 있는 상하수도 시설도 건설해야 하며, 공원과 체육시설, 필요에 따라 산업시설도 도시 안에 포함되어야 합니다. 이런 경우 모든 시설이 복합적이고 유기적으로 연계되어 있기 때문에 넓은 시야로 토목건설분야를 바라보아야 합니다.

토목분야는 보통 대규모의 구조물을 건설합니다. 이런 대규모 사업을 추진하기 위해서는 다양한 공학영역이 유기적으로 맞물려 프로젝트에 참여해야 합니다. 예를 들어 유로터널의 경우 굴착에 필요한 기계 개발은 기계공학자들의 도움 없이는 불가능할 것 입니다. 바다 밑으로 터널을 뚫기 위해서 해저 지반 전문가의 도움 또한 필수적입니다. 그 외 터널 전문가, 철도 전문가, 기계 전문가, 전기 전문가 등 다양한 공학영역이 융합되어야 프로젝트가 완성됩니다.

이처럼 건설은 관련된 다양한 학문이 하나로 결합되어야 비로소 구현되는 분야입니다. 최첨단의 모든 학문을 융합하여 인류의 문명을 윤택하게 하는 시설물을 건설하는 것이 바로 토목공학입니다.

토목전공자는 다양한 영역에서 본인의 적성에 맞는 일을 택할 수 있습니다. 건설 프로젝트를 기획·계획하는 일뿐만 아니라 설계, 시공, 시설물의 운영 및 유지관리, 그리고 업역을 지원하는 연구와 활동에 이르기까지 직업 선택의 폭은 매우 넓습니다. 이때 중요한 것은 본인의 적성이 어느 분야에 가장 적합한가를 판단하는 것이라 할 수 있습니다.

앞에서 건설산업 전반과 건설사업 시스템, 융합적이고 다양한 건설분야의 특징에 대해 살펴보았습니다. 다소 어렵고 복잡한 내용을 자세하게 다룬 것은 건설산업에 대한 이해를 통해 직업을 지속 가능한 인생설계의 일부로 담아내는 직업관을 가질 수 있으리라 믿기 때문입니다.

직업을 선택해서 일을 할 때 단순히 기계 부품으로 일하는 것이 아니고, 내가 이 시스템의 어느 한 부분을 맡고 있고 나로 인해 이 시스템이 돌아간다는 자긍심을 갖는 것은 매우 중요한 문제입니다. 이는 직업 선택에 있어 시행착오를 방지하고, 조기에 방향을 설정하여 준비해갈 수 있는 소중한 기회가 될 것입니다. 이 소중한 기회를 잘 활용하시기 바랍니다.

03

건설, 가장 넓은 업역,
다양한 취업기회

업역의 스펙트럼이 가장 넓은 토목분야

건설분야의 업역은 사회기반시설^{infrastructure}의 계획, 설계, 시공, 운영 등 시설의 전 생애주기$^{life\ cycle}$에 관련됩니다. 이 분야 일터의 가장 큰 특징 중의 하나는 공공성이 큰 영역이라는 것인데, 이는 사회기반시설이 국민의 생활과 산업활동을 지원하며 대체로 국민의 세금으로 건설되기 때문입니다.

일반적으로 사회기반시설의 계획과 운영은 공공$^{정부 등}$에서 담당하지만, 실제 시설^{목적물}을 구현하는 과정은 민간의 참여로 이루어지게 됩니다. 사업의 주체는 공공이 되지만 이의 실행에는 민간이 주요 역할을 하게 되는 거지요. 이러한 사업구현체계의 특징으로 볼 때, 공공영역은 사업을 총괄하는 Generalist로서의 전문가적 성격이 중요하

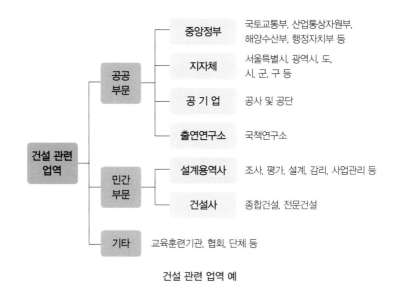

건설 관련 업역 예

고, 민간영역은 상대적으로 시행과 문제해결을 주도하는 Specialist로서의 기여기회가 많다고 할 수 있습니다.

따라서 건설분야의 일터는 여러 관점에도 불구하고, 먼저 사업주체, 혹은 영역에 따라 공공부문public sector과 민간부문private sector으로 구분하여 살펴보는 것이 순서일 것입니다.

건설부문의 업역은 주로 사회기반시설을 건설하는 것이므로 공공부문의 의존도가 클 수밖에 없습니다. 하지만 민관이 함께 참여하는 제3섹터의 업역도 확장되고 있고, 토목시설을 포함하는 민간의 대규모 개발사업도 증가하고 있어 인프라 건설에 민간영역의 비중이 확대되어 왔습니다.

이러한 관점에서 볼 때, 토목전공자가 택할 수 있는 취업의 기회는 모든 공학영역 중에서도 가장 다양하고, 양적으로도 최대인 영역 중의 하나일 것입니다. 한편, 학문의 영역을 넘나드는 인재 채용경향과 민간경험자를 공공에서 채용하는 추세 등을 고려할 때 앞으로 점점 더 업역 간 구분이 약해질 것으로 전망됩니다.

Tip!

건설사업의 범위는 사회간접자본뿐만 아니라 산업시설과 휴양 및 편의시설 등 민간의 산업활동시설도 포함하지만 이 경우 주로 민간이 발주하고 민간이 건설하는 형태가 됩니다. 본 안내서에서는 정부가 담당하는 사회기반시설(인프라)을 위주로 설명함을 이해하기 바랍니다.

공공부문

　공공부문은 정부기관과 지방자치단체^{지자체}가 대표적이며 이들 기관에 의해 설립되어 정부 업무를 위탁·집행하는 공기업도 여기에 해당합니다. 이 외에 정부출연 연구소 등도 공적 성격의 준정부기관입니다.

　공공부문의 영역은 매우 넓고 다양합니다. 대개의 경우 어느 정부기관이나 수요의 차이는 있을지라도 토목전공자가 진출하여 일할 수 있는 업무영역이 있고, 일부 공공기관의 특정부서는 토목전공자가 주도적인 역할을 수행하게 되는 경우도 있습니다. 중앙정부가 전 국토를 대상으로 하는 주요 인프라의 기간시설을 담당하는 것이라면, 이보다 작은 규모의 인프라를 건설하거나 유지·관리하는 업무는 대부분 지방자치단체에 위임되어 있습니다.

　공기업의 경우에는 정부에서 위임을 받아 토목사업을 수행하고, 시설물을 관리합니다. 한국도로공사, 한국수자원공사, 한국토지주택공

Tip!

　공채 및 특채와 관련한 자격요건 및 선발 계획은 사이버국가고시센터(www.gosi.go.kr)에서 찾아보실 수 있습니다.

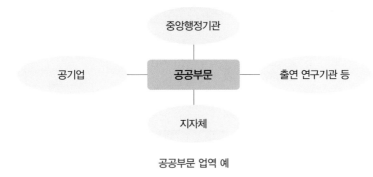

중앙행정기관

공기업 — 공공부문 — 출연 연구기관 등

지자체

공공부문 업역 예

사, 한국철도공사 등이 대표적인 예입니다.

공공부문의 일자리를 이해하기 위해서는 먼저, 공공기관의 설립목적과 직제구성을 알아볼 필요가 있는데, 공공기관은 중앙정부와 지자체로 구분하여 소개하겠습니다. 중앙부처의 경우 국토교통부를 살펴볼 것이며, 지자체는 대표격으로 서울특별시와 구청조직을 살펴봄으로써 지방 토목행정을 소개하겠습니다.

중앙정부(중앙행정기관)

토목전공자가 활동하는 건설 관련 주요 중앙행정기관은 국토교통

Tip!

부처의 조직이나 구성은 새 정부가 시작될 때마다 조정 및 통합 등으로 변화가 있으므로 진로선정을 구체화하고자 할 경우 관심 있는 기관에 대해서는 반드시 홈페이지 검색을 통해 새로운 정보를 파악할 것을 권합니다.

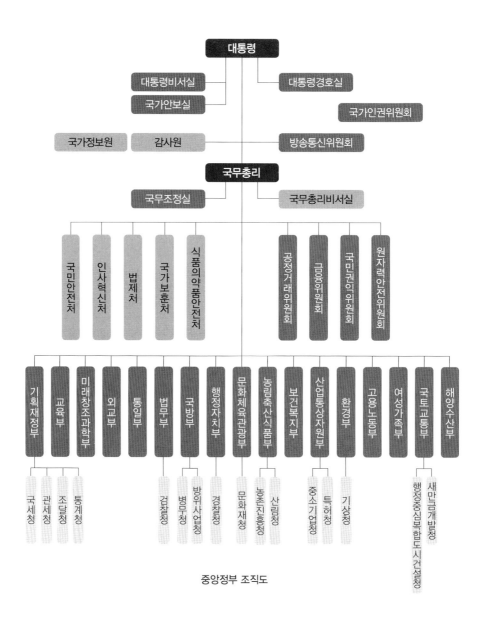

중앙정부 조직도

부, 해양수산부, 산업통상자원부, 행정자치부 등 다양합니다. 여기에 언급되지 않는 부처도 시설설치 또는 관리 및 지도감독과 관련 있는 업무를 갖는 부처는 건설 관련 직종의 공무원이 근무하기도 합니다.

우리나라 정부는 2원 5실 17부 5처 16청 5위원회로 구성되어 있습니다. 이 중 어느 부서든 토목전공자가 일할 기회가 있지만, 인프라의 계획, 설치·운영 등과 관련되는 대표적인 부서는 국토교통부입니다. 이밖에 해양수산부가 항만시설을 담당하듯 각 부처마다 크고 작게 건설과 관련되는 영역과 기능이 있습니다.

'건설'은 하나의 산업으로서 인프라 건설에 직접 참여하지 않더라도 사업의 진행 및 산업 연관으로 거의 모든 부처와 관련성이 있습니다. 일례로 건설엔지니어링설계용역업은 산업통상자원부, 자연재해 예방 등은 행정자치부국민안전처, 건설안전과 관련해서는 고용노동부, 건설의 재정투자 및 공기업운영과 관련한 기획재정부와 건설공사의 감사와 관련한 감사원 등등 수요는 많지 않지만 거의 대부분의 정부기관과 관련되어 있습니다.

> **Tip!**
> 토목전공자로서 정부기관에서 일을 하고자 하는 경우, 직위에 따라 요구되는 소양은 기술적인 부분보다 행정적인 부분의 비중이 커집니다.

정부조직 중 토목전공자와 관련되는 대표적인 분야는 국토관리, 교통 및 물류, 환경, 수자원관리, 자연재해대책, 해안 및 항만 건설 관련 산업의 육성 등을 들 수 있습니다.

국토교통부

국토교통부는 국가 인프라의 계획, 건설 및 운영을 담당하는 토목전공자와 가장 밀접한 부서입니다. 따라서 국토교통부의 업무나 조직을 살펴보는 것은 토목공학에 관련된 업무 대부분을 살펴본다는 의미도 담고 있습니다.

국토교통부는 국민 주거안정, 국토 균형발전, 대중교통 활성화, SOC 확충 등 국민의 일상생활과 밀접하고 국가경제의 근간이 되는 업무를 담당하고 있는 부처입니다.

국토교통부에서 토목직 공무원이 다수 근무하는 조직 중 먼저 본부의 조직을 살펴보면 도로국, 철도국, 수자원정책국이 있습니다.

도로국은 빠르고 편리한 간선도로망 구축, 첨단운영체계를 통한 도로교통서비스 제공 등을 통해 국민을 위한 안전한 도로환경 조성이 주 임무로 도로정책과, 간선도로과, 광역도시도로과, 도로운영과, 첨단도로환경과로 구성되어 있습니다.

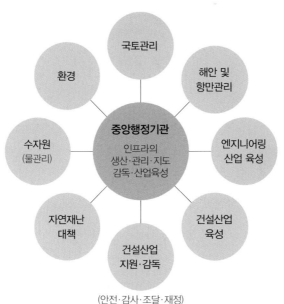

중앙행정기관
인프라의
생산·관리·지도
감독·산업육성

국토관리

해안 및
항만관리

엔지니어링
산업 육성

건설산업
육성

건설산업
지원·감독
(안전·감사·조달·재정)

자연재난
대책

수자원
(물관리)

환경

건설과 관련한 정부업무 예

철도국은 전국적인 고속철도망 구축, 도시 및 광역철도 확충, 안전하고 편리한 철도 이용환경 구축 등의 업무를 하고 있으며 철도정책과, 철도운영과, 철도건설과, 광역도시철도과와 함께 철도안전정책관 내에 철도안전정책과, 철도운행안전과, 철도시설안전과로 구성되어 있습니다.

수자원정책국은 강을 활용한 지역발전의 새로운 중심축 조성, 홍수, 가뭄 등 기후변화 대응능력 강화 등의 업무를 수행하고 있으며 수

국토교통부 주요 업무

국토·도시·건축 : 국토계획, 도시정책, 건축정책 등

주택·토지·국토정보 : 주택정책, 토지정책, 국토지리 등

건설정책 : 건설경제, 기술안전 등

수자원정책 : 수자원 개발, 하천 관리 등

교통·물류 : 교통정책, 자동차정책, 물류정책 등

항공 : 항공정책, 항공안전, 공항행정 등

도로·철도 : 도로정책 및 운영, 철도정책 등

국토교통부 토목 관련 주요 업무 예

자원정책과, 수자원개발과, 하천계획과, 하천운영과, 친수공간과로 구성되어 있습니다.

이 외에도 국토도시실, 주택토지실, 건설정책국, 교통물류실, 항공 정책실 등 토목 관련 부서들이 있습니다. 최근에는 특정 전공에 관계

Tip!

항만은 대표적인 사회간접자본 중의 하나이나 이의 설치와 운영은 해양수산부가 맡고 있습니다.

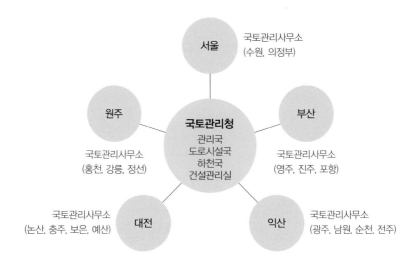

국토관리청과 소속기관 예

없이 다양한 경험을 할 수 있도록 보직이 주어지는 경우도 많다고 합니다.

국토교통부는 산하에 실제 국토관리에 필요한 공사수행 및 국토이용에 대한 인허가 등을 위한 지방부서를 운영하고 있습니다. 여기에는 지방국토관리청과 홍수통제소 등이 있습니다.

지방국토관리청은 주로 도로, 하천과 관련된 각종 건설공사, 행정처분 등의 업무를 하고 있으며, 특히 국도의 유지·건설 및 하천의 유지·관리를 위해 국토관리사무소 및 출장소를 두고 있습니다. 서울, 원주, 대전, 익산, 부산에 총 5개의 지방국토관리청과 18개의 국토관리사무소, 9개의 출장소가 있습니다.

홍수통제소는 주로 하천 홍수 및 갈수의 통제 및 관리, 하천유량관리 등의 업무를 하고 있으며 한강, 낙동강, 금강, 영산강 총 4개의 홍수통제소가 있습니다.

이제까지 토목분야와 관련되는 대표적 정부부처로 국토교통부를 살펴보았습니다만, 이 외에도 해양수산부 항만국의 경우 해상교통시설의 건설 등과 관련하여 토목분야와 밀접하게 관련되어 있고, 또 자연재난 대책과 관련하여 행정자치부^{국민안전처}와도 관련이 있습니다. 최근 건설붐이 일었던 플랜트 사업의 경우 주로 민간이 발주하는 경우 산업통상자원부 소관의 업무이지만 실제로 토목 관련 건설사나 설계용역사가 참여하므로 토목업역과 밀접한 관계가 있습니다. 이 외에도 환경부, 행정자치부, 고용노동부^{산업안전공단}, 감사원 등에도 토목 전공자가 활동하고 있습니다.

국토교통부 김창기

국토교통부 사람들은 길을 내는 사람들입니다. 땅에는 땅의 길, 강에는 강의 길, 하늘에는 하늘의 길이 있습니다. 우리 국민에게 도움이 되는 길을 만드는 것입니다. 대한민국의 하늘과 땅, 강을 책임지는 사람이 국토교통부 사람들입니다. 도로, 철도, 공항 등 다양한 기반시설들을 계획, 건설, 관리할 뿐만 아니라 국토, 도시, 주택, 수자원 등 다양한 업무를 직접 수행할 수 있습니다. 또한, 자신의 노력에 따라 유학, 국제기구 근무 등의 기회도 주어지므로 자기발전을 위한 다양한 기회와 함께 선배 공무원들의 우수한 노하우도 배울 수 있습니다.

국토교통부 공무원의 경우 다른 공무원과 동일하게 대부분 공개 임용시험 등을 통해 5급, 7급, 9급으로 선발되며 토목공학과 졸업자라도 다양한 직렬·직류로의 시험응시에는 거의 제한이 없습니다. 최근에는 박사, 기술사, 석사 등의 자격과 일정기간 민간업체에서 경력을 가진 사람들을 대상으로 5급, 7급 공무원을 선발하고 있습니다. 토목직 공무원으로 응시하는 것이 전공의 특성을 잘 살릴 수 있는 면이 있지만 최근에는 직렬에 대한 구분 없이 업무를 하는 경우도 있어 토목직 공무원도 다양한 업무를 경험할 수 있습니다.

현재, 국토교통부는 통일을 대비하여 미래의 한반도 국토 비전을 제시하는 국토개발 마스터플랜을 수립하고 있습니다. 또한, 국민이 안전하고 편리하게 교통수단을 이용할 수 있도록 대중교통의 서비스 품질 향상 및 도시 쇠퇴 현상을 치유하고 국토를 고르게 발전시키기 위한 노력 등을 하고 있습니다.

일터소개

해양수산부

해양수산부는 수산 · 해운 · 항만 · 해양환경보존·해양조사 · 해양자원개발 · 해양과학기술의 연구 · 개발 및 해난심판에 관한 사무 등을 관장하는 중앙행정기관입니다.

해양수산부는 1996년 8월, 이전의 농림수산부의 수산업무와 건설교통부의 해운항만업무, 내무부의 해양경찰업무, 환경부의 해양환경업무가 통합·발족되어 운영되다가 2008년 정부조직 개편에 따라 국토해양부와 농림식품수산부로 기능이 분리 · 이관 되었습니다. 그리고 2013년 정부조직개편에 따라 다시 해양수산부로 통합·운영되고 있습니다.

조직은 장관과 차관 밑에 3실기획조정실 · 해양정책실 · 수산정책실 3국해운물류국 · 해사안전국 · 항만국 7관 38과'관' 포함의 본부와 소속기관으로는 국립수산물품질관리원 · 국립해양조사원 · 어업관리단 · 국립해사고등학교 · 해양수산인재개발원 · 지방해양항만청11개소 · 해양안전심판원·국립수산과학원 등이 있습니다.

토목공학도로서 해양수산부에 입사하는 경로는 5급 · 7급·9급 공채국가직뿐 아니

라 전문가 특채박사, 민간경력자 등, 부처 간 전입공무원 쌍방 또는 일방향 인사교류 등 다양한데,

주로 공채시험에 의한 입사가 대다수입니다.

해양수산업은 다양한 형태의 시설 인프라접안시설, 임항교통시설, 여객시설, 물류시설, 배후

단지 등가 뒷받침하고 있습니다. 이에 따라 다양한 부서항만정책과, 항만개발과, 항만투자협력

과, 항만지역발전과, 어촌어항과, 연안계획과 등에서 토목직 공무원이 활약하고 있습니다. 또한

직렬과 상관없는 업무로의 진출도 늘어가고 있는 추세이므로 시설분야뿐 아니라

다방면으로의 역할이 요구되고 있으며, 앞으로 토목직의 활약이 더욱 기대되고 있

습니다.

해양수산부 토목직 공무원은 항만국항만정책과, 항만개발과, 항만투자협력과, 항만지역발전과

에 다수가 소속되어 활약하고 있습니다. 항만은 이제 더 이상 단순한 하역공간이

아닌 다양한 서비스보관, 환적, 유통, 전시, 판매, 가공, 제조, 컨벤션, 금융 등가 동시에 이루어지

는 종합 물류 서비스 공간으로 변모하였기에 이러한 항만의 부가가치를 극대화시

키는 것이 중요합니다. 따라서 항만분야에서 토목직의 업무는 단순 시공에 그치지

않고 다양하며 미래 창조적입니다. 토목공학의 전문성을 활용한 해안구조물방파제

등 시공에서부터 항만구역과 도시기능의 조화를 염두에 둔 항만발전항만기본계획, 항

만배후단지개발, 항만친수문화공간개발 등, 항만분야 국제협력해외사업진출 등, 자연재해ㆍ기후변

화에 대응한 친환경 재해안전항만 구축까지 무궁무진한 창조의 공간으로서 항만

을 활용 및 개발하고 있습니다. 따라서 앞으로 항만은 경제활동과 사회문화 활동

이 활발하게 이뤄지는 복합창조공간으로서 차세대 각광받는 삶의 터전으로 발돋움하리라 믿어 의심치 않습니다.

토목공학은 인류의 문명과 함께한 공학이라고 합니다. 해양수산부에서 새로운 해양문명을 개척해 나갈 열정적인 토목 인재들을 언제든지 환영합니다.

일터소개

국민안전처 임현우

토목을 전공한 많은 후배들이 공직을 선택할 때, 건설부서에 배치되어 공사의 발주, 감독 등의 업무를 하는 것을 염두에 두는 듯합니다. 하지만 최근 건설분야 설계, 감리 등 많은 전문영역이 아웃소싱^{프로젝트나 활동을 외부에서 처리하는 것}화되면서 전통적 토목직 공무원의 영역은 점차 제한되고 있습니다. 반면, 재난안전분야처럼 과거에 생각하지 못했거나 협소한 영역이었던 것들이 새로운 전문업역으로 대두되고 있습니다.

국민안전처는 2014년 세월호 사고 이후 안전행정부, 소방방재청 등의 재난안전 기능을 통합하여 만든 국가 재난안전정책 총괄·조정기관입니다. 재난현장에서 직접 구조·구급을 담당하는 소방관 등과 같은 현장종사자들과는 달리, 이곳은 재난의 예방, 대비, 대응, 복구 등 전 과정을 조정·관리하는 곳으로 토목직 공무원의 위상도 높아 토목공학전공의 고위공무원이 다수 근무하고 있습니다. 일선 지자체의 시청 또는 도청에도 1~2급 공무원을 부서장으로 하는 재난안전실이 운영되고 있습니다.

재난안전관리 업무는 지엽적인 특정지식보다도 시스템적으로 조합하고 조정하는 업무입니다. 실제 재난상황에서 판단할 수 있는 정보는 매우 제한된 반면, 신속하고 정확한 상황판단이 요구되는 경우가 많아 다학제적이며 통섭적인 판단능력이 중요합니다.

우리가 살아가는 환경의 많은 부분이 도로, 교량 등 토목기반시설로 구성되어 있고, 주어진 제한조건에서 분석하고 판단하여 현실적 대안을 도출하는 공부를 해온 토목공학도에게 재난안전분야는 많은 기회가 주어질 것으로 생각됩니다. 실제로, 국내·외 대학에 재난안전학과 개설이 매우 미미한 상황에서 상당수 재난안전분야 종사자가 토목공학을 전공한 사람들이랍니다.

재난안전분야의 공무원이 되기 위해서는 9급, 7급, 5급 등 일반토목직렬 시험을 보는 방법도 있지만, 2014년부터 도입된 방재안전직렬을 준비할 수도 있습니다. 비록 재난관리론, 안전관리론 등 토목전공학과에서 통상적으로 배우지 않은 과목을 따로 공부해야 하지만, 우리나라의 대부분의 대학에 재난안전학과가 개설되지 않은 현실을 감안할 때, 수학적 계산보다는 논리적 이해에 자신이 있는 후배들은 정공법을 택하는 것도 선택의 하나라고 생각됩니다.

또한, 최근 우리 정부에서는 외부 민간전문가를 공무원으로 영입하기 위해 국과

장급 공무원의 20% 정도를 3~5년의 기간 동안 개방형으로 채용하고 있으며, 7급 및 5급에 대해서는 민간경력채용이라는 방식으로 정규직으로 채용하고 있습니다. 재난안전분야는 전문가 육성을 위해 이러한 민간전문가 영입에 대해 다른 어떤 공공분야보다 활발하게 움직이고 있습니다. 민간기업 등에서 일하고 계신 분들 중에서 공직에 뜻을 두신 분들은 한번 생각해볼 수 있는 좋은 제도입니다.

'공무원은 칼퇴근'이니 하는 외부의 편견과는 달리 재난안전분야의 경우, 재난 상황에서는 24시간 근무도 각오해야 할 정도로 업무강도가 매우 높은 편입니다. 하지만 국민의 생명과 재산의 보호를 위해 일한다는 사명감, 신생조직에서 내가 개발하여 채워 넣어야 할 정책영역이 무궁무진하다는 진취성 등을 맛볼 수 있는 분야이기도 합니다. 재난안전분야에서 진취적 사명감을 느끼고 싶은 토목공학도가 있다면 저와의 동행에 초대하고 싶습니다.

Tip!

직렬구분과 관련해서 현재 과거 토목 및 건축직을 시설직으로 통칭하고 있습니다. 더욱이, 4급 공무원부터는 기술직과 행정직으로 단순화되며, 3급 공무원부터는 직렬구분조차 없어지게 됩니다.

지방자치단체

지방자치단체^{이하 지자체}는 일정한 지역에 대하여, 국가로부터 자치권을 부여받아 지방의 행정사무를 처리하는 지방행정기관을 말합니다. 대한민국의 지방자치단체는 크게 광역자치단체와 기초자치단체로 나눌 수 있는데, 광역자치단체로는 특별시와 광역시 및 도가 있으며, 기초자치단체로는 시·군 및 자치구^{특별시 및 광역시의 구}가 있습니다.

광역자치단체

특별시	서울특별시
광역시	부산광역시, 인천광역시, 대전광역시, 대구광역시, 광주광역시, 울산광역시
특별자치시	세종특별자치시
도	경기도, 강원도, 충청북도, 충청남도, 경상북도, 경상남도, 전라북도, 전라남도
특별자치도	제주특별자치도

지방자치단체는 중앙정부에서 위임을 받아 국토, 교통, 도시 및 건설 등의 업무를 담당하므로 다루는 대상 인프라가 지역적 대상일 뿐,

> **Tip!**
> 업무는 유사하더라도 지자체마다 조직명칭이 다른 경우가 많습니다. 따라서 관심 있는 지자체에 대해서는 해당 조직과 업무를 별도로 확인해보시기 바랍니다.

업무의 성격이 중앙정부와 유사한 경우가 많습니다.

지방자치단체의 업무 중 도시계획, 건설교통, 지역개발 및 주민의 생활환경시설의 설치·관리에 관한 업무가 토목전공자의 관심영역입니다.

광역자치단체 – 특별시, 광역시, 도

지자체 조직은 대체로 기능상 유사하므로 여기서는 광역단체와 기초단체의 대표격인 '서울특별시청'과 '구청'의 경우를 살펴봄으로써 지방행정기관에서 토목전공자의 역할을 살펴보겠습니다.

서울특별시는 대한민국 수도인 서울의 자치행정을 총괄하고 25개 자치구를 관할구역으로 하는 행정기관으로 2015년 현재 1실 8본부 7국의 조직으로 운영되고 있습니다. 서울특별시의 행정조직 중 먼저 토목직 공무원이 다수 근무하는 본청의 조직을 살펴보면 기술심사담당관, 도시안전본부, 도시계획국, 도시교통본부, 도시재생본부 등이 있습니다.

먼저 기술심사담당관은 건설기술업무에 관하여 기술개발 계획수립 및 조사·연구와 건설공사의 설계·시공 및 시방기준 등의 연구, 그리고 건설기술심의위원회 운영 및 대형공사 입찰제도를 연구하고 이

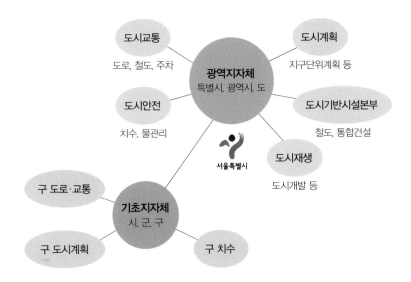

도시교통
도로, 철도, 주차

도시계획
지구단위계획 등

광역지자체
특별시, 광역시, 도

도시안전
치수, 물관리

도시기반시설본부
철도, 통합건설

서울특별시

도시재생
도시개발 등

구 도로·교통

기초지자체
시, 군, 구

구 도시계획

구 치수

지자체의 토목 관련 주요 업무 예(서울특별시)

밖에도 입찰방법과 각 부서가 추진하는 설계의 적격 심의와 같은 기술행정업무를 담당합니다.

도시안전본부는 서울의 재난안전을 총괄·조정하는 컨트롤 타워로서 도로의 계획과 관리, 교량·터널 등의 안전을 위한 유지관리, 하수도 및 하수처리시설의 계획과 관리, 하천의 관리를 비롯하여 언론에 자주 보도되는 여름철 수방대책과 겨울철 제설대책을 총괄하고 있습니다.

도시계획국은 서울시의 도시계획 정책결정 및 도시기본계획 수립,

지구단위계획구역 지정, 도시계획시설 결정 및 세부시설 조성계획 수립 등과 관련된 업무를 하고 있습니다.

도시교통본부는 서울의 교통정책을 총괄하고 다양한 교통문제 해결을 위해 버스, 택시, 주차장, 보행교통, 자전거 등과 관련된 업무를 하고 있습니다. 토목직의 경우는 교통 관련 시설의 계획·설치와 관련된 업무를 주로 합니다.

도시재생본부는 경제·사회·문화·환경 등 통합적 관점에서 자생적이고 지속 가능한 도시를 만들기 위하여 도시재생정책을 수립·조정하고 도시환경정비사업, 도시개발사업, 재정비촉진지구 지정, 주거환경관리사업 등과 관련된 업무를 수행하고 있습니다.

도시기반시설본부는 각종 공사의 시공 및 도시철도사업의 공공성과 전문성 확보를 위하여 설치한 종합건설조직으로 도로·교량·도시철도 건설 등을 비롯하여 대형 공사들을 감독하는 업무를 하고 있습니다.

Tip!

서울시에서는 정·현원 및 인력수급 상황에 따라 다를 수 있으나 일반적으로 매년 초에 서울특별시 지방공무원 임용시험 시행계획을 공고하고 있으며, 고교졸업자 구분모집, 임기제 공무원 채용(수시) 등도 있으므로 관심이 있는 분들은 서울특별시 홈페이지(http://www.seoul.go.kr), 서울특별시인재개발원 홈페이지(http://hrd.seoul.go.kr), 사이버국가고시센터(http://www.gosi.go.kr) 및 각종 시험정보 사이트 등을 참조하시기 바랍니다.

서울시의 본청 외 행정조직으로 도로사업소가 운영되고 있습니다. 도로사업소는 시민생활과 가장 밀접하다고 할 수 있으며 토목직 공무원들이 다수 근무하고 있습니다. 주 업무는 포장도로의 관리와 도로시설물인 터널, 지하차도, 입체교차로, 고가차도, 하천복개구조물 관리 등입니다. 이러한 포장도로와 시설의 관리는 차량 운전자 및 탑승객의 안전과 직결되므로 안전점검을 통한 사고예방과 신속한 보수가 필수적이어서 서울시를 6개 권역으로 나누어 동부·서부·남부·북부·성동 및 강서도로사업소에서 각각 관리하고 있습니다.

기초자치단체 – 시, 군, 구

지방도시, 군, 광역시의 구청이 기초자치 단체에 해당합니다. 광역자치단체에서 위임된 행정사무를 담당하므로 일반 국민의 생활과 매우 밀접한 관계를 가지고 있습니다.

서울시의 기초자치단체인 25개 자치구에도 토목직 공무원이 다수 근무하고 있으며 구청별로 부서의 이름은 다소 차이가 있지만 주요 근무부서로 도로과토목과, 도로시설과, 물관리과안전치수과, 하수과, 도시계획과도시관리과, 도시개발과 등이 있습니다.

자치구 도로과토목과, 도로시설과에서는 자치구에 위임된 도로의 토목공사 계획, 설계, 시공 및 감독 업무와 도로 및 도로시설물, 도로부속물 유지관리, 겨울철 제설업무, 도로굴착 관리 등에 관한 업무를 주로 하고 있으며, 물관리과^{안전치수과, 하수과}에서는 수해방지대책 수립 및 시행, 하수도 시설 계획 및 시행, 하천시설 계획·시행 및 유지관리 등에 관한 업무를 하고 있습니다.

그리고 자치구 도시계획과^{도시관리과, 도시개발과}에서는 자치구의 도시계획시설의 결정 및 변경결정, 도시계획시설사업 실시계획 인가, 지구단위계획 수립 및 계획의 관리 등 도시계획 업무를 담당하고 있습니다.

Tip!

예시한 자치단체의 업무와 조직구성은 모든 기초단체가 기본적으로 유사하나, 자치구별 공무원의 정원 범위 내에서 해당 자치구의 현안에 따라 다양하게 구성될 수 있는 점도 알아두세요. 또한 자치구에 따라 부서명, 부서조직 및 업무분장은 다소 차이가 있을 수 있습니다.

서울특별시 최병훈

토목공학과 졸업자가 취업하여 역량을 펼칠 수 있는 직장으로 서울특별시를 소개하고자 합니다. 우선 서울시 공무원의 경우 대부분 공개 임용시험 등을 통해 선발됩니다. 시험응시에는 직렬·직류에 대한 제한이 거의 없지만, 토목공학과 졸업자인 경우 토목직 공무원으로 응시하는 것이 합격 후 실제 업무에서 전공의 특성을 잘 살릴 수 있습니다. 서울시 공무원이 되고자 한다면 일반적으로 5급, 7급, 9급 임용시험이 있고 5급은 인사혁신처에서 지역별 구분모집으로 선발하며, 7급 및 9급은 서울시에서 별도로 선발합니다자세한 내용은 4장 참조.

서울시는 대한민국의 정치·경제·문화·교통의 중심지로서 인구 천만 명이 거주하는 세계적인 대도시입니다. 서울시 토목직 공무원을 간략히 설명 드리면, 도로, 교량, 터널, 지하철, 상·하수도 등 다양한 서울시 내 도시기반시설들을 계획, 건설, 관리하고 있습니다. 따라서 서울시 토목직 공무원으로 임용될 경우 이러한 업무를 직접 수행하게 되어 많은 값진 경험들을 할 수 있으며, 자기발전을 위한 다양한 학습의 기회도 갖게 됩니다.

서울시청과 자치구의 토목 관련 업무는 매우 다양하여 30년 이상 근무하여도 모든 업무를 접해보기가 어려울 정도입니다. 본인의 적성에 맞는 부서에서 장기간 근무하여 그 분야의 전문가가 되는 경우가 많이 있으며, 전문관, 책임관 등의 제도를 통해 직원들을 전문가로 양성하기 위한 지원도 많습니다.

　서울시 및 25개 자치구에 근무하는 서울시 전체 토목직 공무원의 수는 약 2,200명으로 이 중에서 서울시 본청 및 사업소에 약 1,000명, 25개 자치구에 약 1,200명이 근무하고 있습니다.

　서울시는 '서울의 각종 인프라 구축·관리 프로젝트', '집중호우나 태풍 등으로부터 시민의 안전과 재산을 보호하기 위한 재해예방사업', '여름철 수해 방지를 위한 수방근무', '출근길 시민편의를 위한 겨울철 밤샘 제설작업' 등을 비롯한 다양한 업무 수행을 통하여 다소 힘들 수는 있지만 커다란 성취감과 자부심을 느낄 수 있는 기회를 제공할 것입니다.

　서울시는 토목직 공무원이 대규모 건설공사 등과 관련된 업무를 수행하는 경우가 많은 만큼 무엇보다도 공직자로서의 청렴성을 필수 덕목으로 강조하고 있습니다. 서울시는 '서울시민을 위해 어느 누구보다도 청렴하고 공정하게 토목기술자이자 공직자로서의 업무를 수행할 수 있는 사람'을 환영합니다.

공기업 및 준정부기관

공공기관은 공적인 이익을 목적으로 하는 기관으로 정부의 투자·출자 또는 정부의 재정지원 등으로 설립·운영되는 기관으로서 '공공기관의 운영에 관한 법률'에 따라 공기업, 준정부기관, 기타공공기관으로 분류됩니다.^{기타 공공기관은 공기업 후에 별도로 살펴보겠습니다}

공기업은 수입, 시장경쟁력, 수익창출효과가 큰 기업적 성격의 공공기관^{예. 한국공항공사. 한국도로공사}을 말하며, 준정부기관은 이익을 창출하는 가치보다는 공익적 가치에 중점을 두는 기관을 말합니다.

공기업에는 시장형 공기업과 준시장형 공기업이 있는데, 토목전공자와 밀접한 관련이 있는 공기업은 주로 산업통상자원부, 국토교통부, 해양수산부 산하에 있습니다.

준시장형 공기업은 직원 정원이 50인 이상이고, 공기업이 아닌 공공기관 중에서 공기업보다는 기업적 성격이 약하고 정부 업무를 위탁·집행하는 공공기관으로 기획예산처장관이 지정합니다. 준시장형 공기업 중 토목전공과 관련된 기관은 산업통상자원부 산하의 에너지관리공단, 한국전기안전공사, 한국전력거래소, 한국광해관리공단, 한국가스안전공사와 국토교통부 산하의 교통안전공단, 국토교통과학기술진흥원, 한국시설안전공단, 한국철도시설공단, 한국국토정보공

건설산업 관련 공기업 및 준정부기관 구분 예

사 등이 있습니다.

준정부기관은 정부 정책 사업을 다른 기관에 맡겨 집행하는 기관인 위탁집행형 준정부기관과 각종 정부 기금을 관리하는 기금관리형 준정부기관으로 구분하는데, 토목전공자와 관련성이 있는 준정부기관은 위탁집행형 준정부기관예. 교통안전공단, 한국시설안전공단입니다.

공기업과 사기업 모두 수익성을 추구하는 점은 같으나 공기업은 사기업과 달리 사회공공의 복리향상이라는 공공성을 목적으로 한다는 점에서 본질적으로 사기업과 구분됩니다.

공기업은 정부의 출자 또는 출연을 통해 정부의 업무를 위임받아 시행하는 기관으로 상법에 의한 공사와 민법에 의한 재단법인인 공단이 있습니다.

	국토교통부	해양수산부	산업통상자원부
시장형 공기업	• 인천국제공항공사 • 한국공항공사 등	• 부산항만공사 등	• 한국가스공사 • 한국석유공사 • 한국전력공사 • 한국수력원자력 등
준시장형 공기업	• 주택보증도시공사 • 한국도로공사 • 한국수자원공사 • 한국토지주택공사 등	• 인천항만공사 등	• 대한석탄공사 등
위탁집행형 준정부기관	• 교통안전공단 • 국토교통과학기술진흥원 • 한국시설안전공단 • 한국철도시설공단 등	• 한국해양과학기술진흥원 • 선박안전기술공단 • 한국해양수산연구원 • 한국수산자원관리공단 등	• 에너지관리공단 • 한국산업기술진흥원 등

토목공학 전공자와 관련이 많은 공기업 및 준정부기관 예

최근 기간시설의 증가와 이의 효율적 관리를 위해 지방자치단체가 설립하여 운영하는 지방공기업도 크게 증가하고 있습니다. 공기업은 시설의 건설, 운영 또는 유지관리를 주로 담당합니다.

토목전공자에게 익숙한 공기업은 한국도로공사, 한국수자원공사 철도시설공단, 한국토지주택공사^{LH공사} 등 입니다. 일부 공기업의 업무내용을 일터소개를 통해 살펴보겠습니다.

공기업 : 공단 vs 공사

공기업은 독립채산제와 수익자부담원칙에 따라 재화와 용역의 대가인 요금수입에 의해 경비를 충당하는 기업적 운영조직을 말하며, 상법 또는 민법에 의해 설립됩니다. 크게 정부투자기관정부지분 50% 이상과 정부출자기관정부지분 50% 미만으로 구분됩니다. 초기에는 수도, 가스, 전기, 철도에 한정되었으나 이후, 하수, 쓰레기 처리, 병원, 문화시설 등으로 확대되고 있습니다. 국가 공기업에는 공공성 및 기업성의 정도에 따라 구분하는데, 시장형 공기업, 준시장형 공기업 등이 있으며, 지자체가 자본을 출자하여 설립한 공기업을 지방공기업이라 하는데, 지방공사 및 지방공단 등이 이에 속합니다.

공기업의 유형

유형		관리방식	경영진	공공출자비율(%)
직영기업	행정기관	직접경영	관리자	100%
공사	법인 (일종의 회사)	간접	사장	50% 이상
공단	법인 (일종의 공공기관)	간접	이사장	100%
제3부문	상법상 주식회사 (출자법인)	간접	사장	(25%)
	민법상 주식회사 (출연법인)	공동	사장	(25%)

한국도로공사 김민철

한국도로공사는 '도로의 설치 및 관리와 이에 관련된 사업을 통해 도로의 정비를 촉진하고 도로교통의 발달에 이바지'하는 것을 설립목적으로, '고속도로의 신설 및 확장, 고속도로의 유지관리, 휴게 및 편의시설 설치·관리, 관련 업무의 연구및 기술개발' 등을 주요 업무로 하고 있습니다.

조직은 본사에 총 5본부, 5실, 18처가 있으며 이 중 토목분야에 해당하는 부서는 설계처, 건설처, 도로처, 교통처, 재난안전처, 환경품질처, 사업개발처, 기술심사처, 해외사업처가 있습니다. 그리고 직할기관으로 도로교통연구원과 스마트하이웨이사업단, 초장대교량사업단이 있으며, 산하기관으로 고속도로 건설을 현장에서 수행하는 16개의 건설사업단이 있고, 고속도로 유지관리를 담당하는 7개의 지역본부와 그 하부에 46개의 지사가 있습니다.

크게 본사와 건설사업단, 지역본부 및 지사로 나누어볼 수 있는데, 나름대로 근무특성의 장단점이 있습니다. 본사는 큰 틀에서 전체적으로 업무를 바라보고 배울수 있으며 무엇보다 많은 사람들과의 교류를 통해 좋은 인맥을 쌓을 기회가 있다는 장점이 있는 반면, 실제 토목실무적인 측면은 접하거나 배울 기회가 많지 않다는 단점이 있습니다.

건설사업단은 사업단본부와 현장공구로 구성되며 1개 사업단에 7~10개 정도의 공구가 있는데, 각 공구에는 차장급의 책임감독과 과장/대리급의 전문감독 1~3명, 감리 1~2명이 고속도로건설공사 감독업무를 수행하고 있습니다. 이론이 아닌 실제 살아있는 토목실무를 배우고 접할 수 있어 토목기술자로서 역량을 키우기에 안성맞춤입니다. 그러나 자칫 너무 지엽적인 부분에 매몰되거나 보는 시각이 다소 좁아질 수 있다는 단점이 있으며, 고속도로 건설의 특성상 사무실이 대부분 지방의 산간오지에 위치하여 여가나 취미생활에 제약이 있는 등 개인생활에 다소 불편이 따를 수도 있습니다. 건설사업단 현장공구에 배치된 직원은 기본적으로 모두 공사감독으로서 시공사 및 하도사가 도면 및 시방서에 따라 충실히 업무를 수행할 수 있도록 공정관리, 품질관리, 안전관리, 민원관리 등 전반적인 사업관리 업무를 수행합니다. 현장이라 몸이 좀 고달프지만 자신이 감독한 도로가 완성되어 개통되는 순간의 보람은 그야말로 경험해보지 못한 사람은 알 수 없는 큰 기쁨입니다.

지역본부 및 지사는 고속도로 유지관리를 담당하는 기관으로서 도로 및 구조물, 포장, 사면 등의 점검 및 보수를 주 업무로 하고 있습니다. 건설사업단의 경우는 인원구성이 거의 토목직 위주이어서 서로 의사소통은 잘 되는 대신 인간관계가 좀 단조로워질 수 있는 반면 지역본부 및 지사는 사무, 토목, 건축, 전기, 설비, 조경, 전산 등 다양한 분야의 사람들이 모여 협업을 하고 있어 의사소통에 많은 노력이 필요한 측면이 있으나 인간관계가 풍성해질 수 있다는 장점이 있습니다. 고속도로 건설과 달리 정통 토목과는 약간 궤를 달리하지만 달리 생각해보면 고속도로 유지관리야말로 한국도로공사가 그 어느 회사보다도 뛰어난 노하우를 지니고 있으며, 고속도로 건설이 서서히 마무리되어가고 있는 시점임을 감안한다면 유지관리분 야야말로 전망이 밝은 분야라고 하겠습니다.

마지막으로 한국도로공사가 향후 성장 동력으로 삼아 추진하고 있는 분야를 말씀드리면 해외사업과 통일고속도로가 바로 그것이라 하겠습니다. 통일고속도로는 가까운 미래에 통일이 갑작스럽게 다가올 수 있다는 믿음으로 '통일도로준비단'이라는 부사장 직속의 별도 조직을 신설하여 미리미리 차근차근 준비 중에 있습니다. 통일고속도로사업이 빛을 발하는 순간 한국도로공사는 지금까지와는 차원이 다른 큰 도약을 하리라 모두들 기대하고 있습니다.

일터소개

한국철도시설공단

한국철도시설공단은 2003년 7월 29일 한국철도시설공단법이 제정, 공포되면서 2004년 1월1일 공단으로 출범하였습니다. 한국철도시설공단은 옛 철도청의 건설 부문 인력과 옛 한국고속철도건설공단의 인력을 합쳐서 새롭게 발족한 정부산하 기관입니다.

설립목적은 철도시설의 건설, 관리와 이와 관련되는 사업을 효율적으로 시행함으로써 국민의 교통편의를 증진하고, 국민경제의 건전한 발전에 이바지하는 데 있습니다. 철도시설공단은 철도산업의 육성 발전 촉진을 위한 철도산업발전 기본계획의 수입, 철도시설의 투자 확대, 전문인력 양성, 철도산업의 경쟁력 강화 및 공공성 확보, 철도시설의 건설 및 관리 등 국가 수행업무를 대행하고 있습니다.

한국철도시설공단은 다양한 사업을 진행합니다. 철도건설사업은 철도망을 통해 국토를 통합·다핵·개방형 구조로 재편하는 비전을 갖고 제2차 철도망구축계획을 진행하고 있습니다. 철도자산관리는 광명역사, 부산통합역사, 울산역사 등의 고속철도역사를 관리하며 역세권 및 복합역사 개발 등의 사업을 수행하고 있습니다. 경전철 사업은 현 교통정책의 문제점을 해결할 수 있는 방안 중의 하나로 주민서비스 향상, 수송수요 신속대응, 친환경적 시스템, 건설비와 운영비가 저렴하다는 장점이 있습니다.

해외사업으로는 중국, 인도네시아, 필리핀 등의 아시아 지역에서 다양한 철도사업을 수행하며 이밖에 아프리카, 북아메리카, 남아메리카 등에서 시공감리 용역, 엔지니어링자문 용역, 실시설계 용역, 철도개량사업에 대한 자문 및 교육 등의 활발한 국제사업을 수행하고 있습니다.

한국철도시설공단은 6개의 본부와 7개의 지역본부가 있습니다. 그중 건설본부, 기술본부, 시설본부, 해외사업본부가 건설 관련 업무를 담당합니다. 건설본부는 건설계획처, 고속철도처, 일반철도처, 광역민자철도처, 건축설비처로 구성되어 있습니다. 기술본부는 전철처, 신호처, 전자통신처, 궤도처, 수송계획처, 차량처TF로 구성되어 있고, 시설본부는 시설계획처, 자사개발처, 재산용지처로 구성되어 있으며 해외사업본부는 해외기획처, 해외사업처TF, 중국지사TF로 구성되어 있습니다.

한국철도시설공단의 채용분야는 채용형 인턴사원^{대졸수준}의 사무직, 토목직, 건축직, 전기직, 통신직이 있으며 철도의 미래가치와 녹색성장을 선도하는 글로벌 파트너를 기다리고 있습니다.

일터소개

K-water(한국수자원공사) 정영석

K-water는 수자원을 종합적으로 개발, 관리하여 생활용수 등의 공급을 원활하게 하고 수질을 개선함으로써 국민 생활의 향상과 공공복리의 증진에 이바지함을 목적으로 하는 공기업으로, 스마트 물관리 기술을 바탕으로 물산업 전 분야에 걸쳐 종합서비스를 제공하고 물관리 역할을 주도하고 있습니다. 많은 분들이 알고 계시듯이 우리나라의 보, 하천, 하구둑, 댐 등을 운영하고 있는 K-water는 수자원의 종합적인 이용과 개발을 위한 시설의 건설 및 운영관리, 광역상수도^{공업용수도} 시설의 건설 및 운영관리, 산업단지 및 특수지역 개발, 지방상·하수도 수탁운영, 신재생에너지 설비의 설치 및 운영관리 등의 역할을 수행하고 있습니다.

K-water는 물과 관련된 다양한 분야의 많은 부서가 존재하며 전국 각지에서 유기적으로 업무를 수행하고 있습니다. 기본적으로 '물'을 주재로 한 업무가 주를 이

루지만, 수문학·수리학뿐만 아니라 설계, 관리, 감독업무를 수행하기 위해 기초공학, 토질역학, 구조역학, 측량학, 시공학 등 전반적인 토목지식이 필요하며, 담당 업무에 따라 전기·통신·기계 등과 같은 타 공학분야에 대한 기본 지식이 필요하기도 하고, 외국어 및 관계 법령 이해 등 행정분야에 대한 기본 소양도 필요합니다. 하지만 입사를 희망하시는 분은 본인이 근무하고자하는 부서나 사업을 목표로 집중적으로 공부하시고 준비하시는 것이 좋을 듯합니다. 관심이 있으신 분은 가까운 사업장이나 홍보관을 방문하셔도 좋고, K-water 홈페이지에서 각종 사업에 대한 자료를 참고하시면 관련 업무 이해에 도움이 될 것입니다. 또한 입사를 준비하시기 위한 기본 정보 및 일정 등도 K-water 홈페이지에서 확인할 수 있습니다.

물은 생명과 직결된 소중한 자원입니다. 그 무엇과도 견줄 수 없는 소중한 물을 직접 관리하고 생산하고 공급하여 우리나라 국민, 더 넓게는 세계인을 이롭게 하기 위해 열심히 일하고 싶은 분들의 많은 관심을 부탁드립니다. '세계 최상의 물 종합 서비스 기업'을 비전으로 지닌 K-water에서 수도, 하천, 댐, 보, 수변공간, 청정에너지 등 수많은 분야에서 공헌하고자 하는 여러분의 꿈을 열정적으로 실현하실 수 있으리라 믿습니다.

한국시설안전공단 박광순

한국시설안전공단은 1994년 성수대교 붕괴사고를 계기로 시설물의 안전관리에 관한 특별법시특법에 따라 설립된 준정부기관으로, 국가 주요 대형시설물의 안전확보를 통해 국민의 생명과 재산을 보호하고 시설물 안전에 대한 의식구조 변화와 안전문화 정착에 기여하는 역할을 수행하고 있습니다.

한국시설안전공단의 주요 업무는 시특법 대상 1·2종시설물의 정밀안전진단과 특수공법교량 통합유지관리, 안전 및 유지관리 기술 연구 개발 등 시설물 안전에 관한 총체적인 역할을 수행하고 있습니다. 또한 시설물 수명 연장에 직접적인 데이터가 되고 있는 시설물 안전 및 유지관리 정보 DB구축, 진단 실시결과 평가, 점검 및 진단기술자 양성교육, 민간업체 해외진출 기반 마련 등의 업무도 담당하고 있습니다.

이와 함께 최근 국민적 관심사가 되고 있는 싱크홀과 관련해 지반안전실이 신설되었으며, 건설공사 및 시설물 사고저감을 위한 '건축분쟁전문위원회'와 '건축사고조사위원회'도 2015년에 새롭게 출범하였습니다. 아울러, 해외사업추진단에서는 시설물안전관리기법 해외전파를 통해 국내유지관리기술의 국제적 신인도 증진과 민간업체 해외진출 기반 마련을 위해 노력하고 있습니다.

한국시설안전공단은 국가직무능력표준NCS 기반에 의거하여 우리나라 시설물의 안전 및 유지관리 선도를 위하여 함께 일할 창의적이고 진취적인 인재를 확보하기 위해 노력하고 있습니다.

공단의 채용분야는 행정, 건축, 토목, 전산분야가 있으며, 채용절차는 서류전형, 필기시험, 면접시험 순으로 진행됩니다. 신입직의 경우 학력 및 연령 제한이 없으며 관련 전문지식 보유자는 누구나 지원 가능합니다. 토목분야의 필기시험 과목은 4개의 필수과목한국사(10%), 철근콘크리트(20%), 응용역학(20%), 토질 및 기초(30%)과 2개의 선택과목수리학 및 수문학(20%), 상하수도공학(20%)이 있습니다.

한국시설안전공단은 2015년을 시설안전 글로벌 리더로 도약을 준비하는 시기라고 여기고 지속적인 글로벌 인재 양성을 위해 사내 영어교육을 진행하고, 글로벌 스탠다드에 부합하는 점검·진단 지침, 세부지침 및 해설서, 내진성능 평가기준 등의 마련을 위해 최선을 다하고 있습니다.

한국시설안전공단에는 토목전공자가 참여할 수 있는 분야가 많습니다. 국가주요 시설물의 안전을 책임지고 있는 시설안전본부와 지반안전실 등에 토목공학을 전공한 많은 인재들이 근무하고 있으며, 그들은 입사 후에도 스스로 공부하고 연구에 몰두하고 있습니다. 국민의 안전과 재산에 관련된 기관이니 만큼 사명감과 책임감, 유연한 사고를 갖춘 인재를 기다리고 있습니다.

기타공공기관 – 국책연구기관 등

중앙행정기관, 공기업, 준정부기관이 아닌 공공기관을 기타공공기관으로 분류합니다. 우리나라의 기타공공기관은 현재 약 187개가 지정되어 있습니다. 토목공학과 관련되는 기타공공기관은 주로 국책연구원이라 할 수 있습니다.

토목분야 연구원은 비록 전체 토목직역 비중에서 크지는 않지만 정책과 기술을 개발하고 시장을 선도해 나가는 매우 중요한 역할을 하고 있습니다. 연구업무의 특성상 어떤 한 분야에 대한 깊은 지식이 필요하므로 연구원은 대체로 석사 이상의 고학력자들로 구성됩니다.

토목전공자들이 주로 관심을 갖는 정부출연연구기관들을 살펴보 겠습니다. 정부출연연구기관은 '정부출연연구기관 등의 설립·운영 및 육성에 관한 법률'과 '과학기술분야 정부출연연구기관 등의 설립·운 영 및 육성에 관한 법률'을 법적 근거로 하여 설립된 연구기관으로 국 무총리실 산하 '경제·인문사회연구회' 소속의 그룹과 미래창조과학부 산하 '국가과학기술연구회' 소속의 그룹으로 구분되어 있습니다.

국무총리실 산하 '경제·인문사회연구회'에는 26개 출연연구소가 소속되어 있습니다. 이중 토목과 관련이 깊은 연구소는 국토연구원 과, 한국교통연구원 등입니다. 국토연구원KRIHS은 국토개발을 위한 연 구·발전과 각급 국토계획수립에 필요한 연구·조사를 종합적·체계적 으로 실시하기 위하여 설립되었고, 한국교통연구원KOTI은 교통 정책 의 연구, 개발을 위해 설립되었습니다.

미래창조과학부 산하 '국가과학기술연구회'는 25개 출연연구소가 소속되어 있습니다. 토목분야와 관련하여 한국원자력연구원, 한국건 설기술연구원, 한국지질자원연구원 등이 주요 토목전공자의 관심 기 관입니다.

한국원자력연구원KAERI은 우리나라 최초의 원자력 연구기관으로 원 자로의 연구 및 개발, 방사성 동위원소의 생산 및 핵기술자의 양성을 주요 업무로 하고 있으며, 구조물설계, 내진설계 등이 토목전공과 관련됩니다.

한국건설기술연구원KICT은 구조·도로·지반·수자원·건설환경·건축, 건설품질 관리 및 인증 등의 건설기술을 종합적으로 개발하는 건설 관련 공공연구기관입니다. 한국건설기술연구원은 토목분야연구를 전문으로하는 국내 최대 건설 관련 연구기관입니다.

한국철도기술연구원KRRI은 철도분야의 기술개발 및 정책연구를 통한 철도교통의 발달과 철도산업의 경쟁력 강화를 목적으로 설립된 철도종합연구기관입니다.

한국지질자원연구원KIGAM에서는 국토와 주변해역, 해외의 지질 조사와 부존자원 관련 연구를 수행하고 있습니다.

이 외에도 각 부처중앙행정기관에 따라 특정사업의 추진 또는 연구와 관련한 산하기관이 있습니다. 토목전공자와 관련해서는 환경부와 해양수산부를 들 수 있습니다. 환경부 산하에는 정부가 환경정책을 세울 때 필요한 관련 조사 연구와 기술 개발, 환경에 대한 각종 기준을 수립하는 국립환경과학원과 소속기관으로 각 하천 권역에 대한 수질관리를 지원하기 위한 기초연구 및 환경현안 중심의 연구를 위한 한강, 금강, 낙동강, 영산강의 물환경연구소가 있습니다. 이밖에 환경오염방지, 환경개선, 자원순환촉진 및 기후변화대응을 위한 온실가스 관련 사업을 효율적으로 추진하기 위한 한국환경공단 등이 있습니다.

해양수산부 산하에는 해양과학기술 연구개발사업에 대한 기획·관리, 선정·평가와 개발된 기술의 보급 등에 관한 업무를 수행하는 한국해양과학기술진흥원과 기존의 한국해양연구원이 확대 개편된 해양수산부 산하의 해양전문 연구·교육기관인 한국해양과학기술원, 그리고 극지활동을 위한 인프라 구축과 아울러 연구의 활성화, 국제화를 추진하기 위한 극지연구소 등이 있습니다.

Tip!

정부 관련 공기업 기타공공기관이나, 부처별 산하기관은 매우 다양한 형태로 운영되고 있습니다. 인터넷에서 구체적인 기관을 검색해보고 관심기관을 조사해보세요.

한국철도기술연구원 문지호

한국철도기술연구원^{이하 철도연}은 미래창조과학부 산하 정부출연연구소로 철도, 대중교통, 물류 등 공공 교통분야의 연구개발 및 성과확산을 통하여 국가 및 산업계 발전을 목표로 1996년에 설립되었습니다. 그 이후 한국형 고속열차 개발, 세계 4위의 속도^{421.4km/h}를 자랑하는 HEMU-430X를 개발하는 등 국가 교통분야 발전에 기여하고 있습니다. 철도는 융복합적인 시스템으로 연구원 구성원 또한 기계, 전기전자, 토목, 환경 등 다양한 전공의 연구자들이 연구를 수행하고 있습니다. 2015년 1월 기준으로 정규 연구자 302명이 근무를 하고 있으며, 이 중 박사학위자는 216명입니다. 토목분야의 연구자는 전체 연구자 대비 약 19%입니다.

철도연은 2011년 이후로 신교통, 고속철도, 도시철도, 교통물류, 시험인증 등 수요자, 융복합 중심으로 개편하여 운영이 되고 있습니다. 이를 통하여 기존에 전공 중심의 조직에서 탈피하여 융복합, 목표중심의 연구가 보다 수월해졌습니다. 각각의 연구본부에서 수행하고 있는 연구의 개략적인 내용은 다음과 같습니다.

신교통연구본부는 신교통시스템 관련 융복합 연구 및 핵심기술 개발, 대륙철도 연계 관련 기술 및 정책 개발, 신교통시스템 관련 신소재, 건전성 진단 및 평가 기술 개발을 담당하며, 고속철도연구본부는 고속·간선철도 차량시스템^{여객, 화물, 복합} 기술개발, 고속·간선철도 인프라 성능 향상 및 유지보수 효율화 기술개발, 자기부상

철도시스템 기술개발, 고속·간선철도 급전시스템 및 성능 향상 핵심기술개발 등을 담당합니다.

광역도시교통연구본부는 무선기반 열차제어시스템 기술개발, 차세대 전동차 및 트램 기술개발, 스마트 역사 기술개발 등을, 철도안전인증센터는 공인시험기관 운영에 관한 업무, 철도시험평가 기술개발 총괄 및 규격 개발에 관한 업무, 철도차량 정밀진단에 관한 업무 등을 담당합니다.

기술사업화센터는 철도산업의 경쟁력 강화를 위한 기술사업화 총괄, 철도기술의 실용화를 위한 정책수립 등 연구성과 확산 및 국내외 기술마케팅 등을 맡고 있으며 녹색교통물류시스템공학연구소는 효율적인 교통서비스를 위한 교통 융복합 시스템엔지니어링 연구개발, 저비용·고효율 교통·물류인프라 및 운영 연구개발, 저탄소 녹색성장을 위한 Eco-Green 교통시스템 연구개발, 대기, 토양, 소음, 화재 등 환경분야 연구개발 등을 담당하고 있습니다.

철도를 이야기 할 때 흔히 '철도는 시스템이다'라는 말을 자주 사용합니다. 즉, 차량, 전기, 신호, 인프라 등이 효율적으로 구성되어야 보다 질 좋은 철도 서비스를 제공할 수 있습니다. 연구에서도 마찬가지로 현재, 철도연에서는 토목전공자들이 여러 부서에 배치되어 활동을 하고 있습니다. 토목전공자들이 주로 하는 역할은 각각 철도시스템에 맞는 궤도, 터널, 교량, 및 철도용품을 개발하고 더 나아가 안전한 철도시스템을 구축하기 위한 철도인프라 모니터링 시스템 구축 및 유지보수에 대한 연구를 수행하고 있습니다.

철도연에서 연구직은 대부분 박사학위자들로, 입사를 위하여는 대학원 진학이 필요합니다. 철도연에서는 특성상 여러 전공자들이 함께 연구를 진행함으로 융복합적 사고와 혁신을 위한 창의적 도전정신을 갖는 인재를 원하고 있습니다. 철도연에서는 일반적으로 1년에 한 번 우수인재를 초빙하고 있으며, 이러한 정보는 철도연 홈페이지 공지사항을 통하여 확인할 수 있습니다. 홈페이지에는 각종 철도연에서 수행하고 있는 연구내용을 보다 상세하게 확인을 할 수 있으므로 관심 있는 분들께서는 홈페이지를 방문하시는 것도 철도연에 대하여 보다 자세히 알 수 있는 기회가 될 것으로 생각합니다.

일터소개

한국해양과학기술원

한국해양과학기술원은 해양과학기술의 창의적 원천기초연구, 응용 및 실용화 연구와 해양분야 우수 전문인력의 교육·훈련을 통하여 국내외적으로 해양과학기술의 연구개발을 선도하고 그 성과를 확산하고자하는 목적으로 설립되었습니다.

토목공학과 관련된 기능을 수행하는 부서는 연안공학연구본부이며, 연안공학연구본부에서는 다음과 같은 연구 및 기술개발을 수행하며, 이를 위해서는 구조공학, 지반공학, 연안공학, 도시공학에 대한 전공 지식이 필요합니다.

한국해양과학기술원은 연안개발 · 에너지연구, 연안재해 · 재난연구, 그리고 연안역 관리 및 제어연구를 담당합니다.

연안개발 · 에너지연구분야는 해양공간 개발 및 이용에 관한 연구예: 해저기지, 해저도시, 해중터널, 첨단항만 및 항만구조물 개발 연구예: 지능형 항만, 연안구조물 건설 및 유지관리 장비개발 연구예: 수중 점검 로봇, 수중 건설 로봇, 조력, 조류, 해상풍력 등 해양에너지 이용기술 연구예: 신형식 풍력타워, 능동조류 발전, 능동형 부유식 플랫폼로 구성됩니다.

연안재해 · 재난연구분야는 연안재해 감시 및 예측시스템 개발연구예: 항만 지진 모니터링 시스템, 연안 구조물 방재기술 · 방재시설 개발연구예: 장대형 케이슨, 신형식 소파블럭, 연안 침식 및 퇴적 제어기술 개발연구예: 연안침식 방지 기술, 해양예보 및 해양사고 수습 지원 시스템 개발연구, 연안구조물 설계 · 관리를 위한 해양 · 기상자료 생산 연구를 대상으로 합니다.

연안역 관리 및 제어연구분야는 하구역 환경관리 및 재개발 기술 연구, 폐쇄해역 환경관리 및 제어기술 연구, 연안 해수 특성 예측 및 관리를 담당합니다.

해양과학기술원의 연구 인력은 연구직과 기술직으로 구성되며, 연구직은 석사 이상, 기술직은 학사이상의 학위가 필요합니다. 재학생은 희망 시 졸업 이전에도 인턴사원으로 근무가 가능하며, 지원 자격과 일정은 해양과학기술원 홈페이지 http://www.kiost.ac.kr에서 확인할 수 있습니다.

민간부문

민간부문은 공공부문에서 기획된 사업을 실질적으로 구현하는 역할을 수행합니다. 여기에는 조사, 평가, 설계, 감리, 사업관리와 같은 용역활동과 현장의 건설공사를 수행하는 공사활동이 주가 됩니다. 고용 규모에서 민간영역이 공공영역에 비해 절대적으로 크며, 특정 분야의 전문가로서 성장할 기회가 많습니다.

건설부문의 민간업역은 건설회사^{건설사}, 설계 및 엔지니어링 회사^{설계용역사}, 컨설팅 회사 등으로 구분할 수 있습니다. 민간업역은 크게 건설업과 건설용역업으로, 건설업은 다시 일반건설업과 전문건설업으로, 그리고 건설용역업은 엔지니어링업, 사업관리업, 감리업 등으로 구분됩니다.

건설업과 설계용역업은 이후에 구체적으로 살펴볼 것이므로 컨설팅 회사에 대해 좀 더 알아보기로 하겠습니다. 원래 이 사업은 설계용

Tip!

컨설팅 회사는 과거 설계 및 엔지니어링 용역사의 한 영역으로 시작된 경우가 많았지만 최근에는 규모는 크지 않아도 건설사업관리용역을 제공하는 독립된 회사도 많이 생겨나고 있습니다.

건설산업 관련 민간기업 예

역사업역의 한 부분으로 포함되기도 합니다. 컨설팅 회사는 사업수행에 필요한 전문가적 조언 및 관리를 담당하는 기업으로 건설사업관리, 클레임claim 관리 전문기업 등이 여기에 속합니다. 이중 건설사업관리회사, 또는 CMConstruction Management회사는 사업기획, 타당성 조사, 사업관리, 유지보수 등의 업무에 대한 전반적인 지휘자 역할을 용역으로 제공하는 회사입니다.

최근 들어서 설계-시공 통합방식도 도입되어 업무영역 간의 경계가 약해지고 있습니다. 이는 계획 - 설계 - 시공 - 유지관리가 결국 하나의 생애주기로 관리되어야 한다는 건설산업 패러다임의 전환 때문입니다. 해외 선진기업의 경우 하나의 큰 EPCEngineering, Procurement, Construction 기업이 사업관리, 설계, 시공의 모든 역할을 수행하는 Total

Solution 기업으로 진화하고 있으며 이러한 기업이 국제시장을 선도하고 있습니다. 국내 기업들도 이러한 글로벌 트렌드에 맞춰 변화를 시도하고 있습니다. 앞으로의 건설기업의 모습은 다양한 전문가가 한데 모여 서로의 지식을 공유하며 보완하는 집단지성의 형태로 변화할 전망입니다.

설계용역사

설계용역사는 발주된 토목사업의 목적물을 구상하고, 구조공학, 지반공학, 수공학을 기초로 하여 구체적인 형상을 완성한 후, 시공도면을 완성하는 업무를 수행합니다. 시공사와는 달리 설계용역사의 조직은 설계대상분야로 나누어집니다. 대표적인 설계분야는 도로, 철도, 수자원, 도시계획, 항만, 댐, 환경, 지반터널 등이며 이에 따라 회사 구성원도 매우 특화된 토목공학 전문영역의 엔지니어들로 구성되어 있습니다.

설계용역사에서 수행하는 구체적인 업무는 예비타당성 조사, 타당

Tip!

해외취업기회는 아무래도 민간영역에 많습니다. 비교적 국내보다 높은 보수와 업무조건이 좋은 반면, 높은 언어적 커뮤니케이션 능력, 리포팅 능력 등을 요구합니다. 대부분 해외유학 후, 또는 국내 엔지니어링사의 경험을 가지고 진출하는 경우가 많습니다.

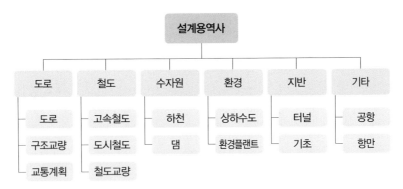

설계용역사의 업무 범위와 조직 예

성 조사, 기본계획, 기본 및 실시설계, 대안 및 턴키설계, 민자사업 설계, 설계감리 등을 들 수 있습니다.

설계는 전문 공학적 지식을 요구하기 때문에 해당 분야의 전문가에 의해 수행됩니다. 따라서 설계용역사에 관심 있는 사람들은 일찍부터 전공분야를 정하여 공부하는 것이 바람직할 것입니다. 그런 의미에서 설계용역사에 취업하여 특정 분야의 전문가specialist가 되고자 하는 경우 대학원 진학을 권유하고 있습니다. 물론 대학원 졸업이 설계용역사 취업의 필수조건은 아닙니다.

설계용역사에 입사하여 전문분야의 설계경력이 쌓이면 기술분야의 최고 권위의 자격인 토목기술사professional engineer 취득을 목표로 하게 됩니다. 좁은 문의 시험을 통과하면 기술사자격을 얻게 되는데, 기술사는 해당 분야의 Specialist로서 공인받는 계기가 되며, 이로서 수행 프로젝트의 설계 책임자 역할을 할 수 있게 됩니다. 전문가가 된다는 것은 어쩌면 우리가 '토목'을 선택한 진정한 이유 중의 하나일 수 있습니다.

여기에서는 설계용역사에 대한 업무내용과 성격, 그리고 각 기관이 요구하는 인재상 등을 소개하고자 합니다. 각 회사마다 사업영역과 조직구성은 조금씩 다르지만, 시공사와 설계사에서 수행하는 업무를 구체적으로 제시하였으므로 본인의 적성과 역량에 맞는 직업의 분야를 찾는 데 도움이 되리라 생각합니다.

D설계용역사

D사는 1960년 우리나라 건설기술용역업의 태동기에 창립된 종합엔지니어링회사로 대형 국책사업에 참여하였고 앞선 기술력으로 해외시장에 선도적으로 진출하여 세계를 향해 성장하는 글로벌 종합엔지니어링회사입니다.

D사는 우수한 전문 기술인력을 보유하고 있습니다. 현재 전문기술사 232명, 기사 및 산업기사 923명 등 1천여 명이 넘는 역량 있는 인재들이 지속적인 기술개발과 혁신을 통해 건설엔지니어링 전 분야에서 다양한 프로젝트를 성공적으로 수행하였으며, 발주자로부터 그 기술과 역량을 인정받고 있습니다. 아울러 급변하는 글로벌시장의 경쟁력 강화를 위하여 국내 최초로 알제리, 리비아, 과테말라, 아부다비, 카자흐스탄, 콩고 등 개발의 여지가 있는 해외시장으로 사업영역을 확대하고 있습니다.

D사는 건설엔지니어링분야 도로^{고속도로 및 국도 등}, 철도^{고속철도, 철도 및 궤도 등}, 수자원, 지하철 및 도시철도, 각종 구조물 및 교량, 도시계획, 단지설계, 상하수도, 환경, 수자원, 토질, 항만, 건축 등 국내 국가기간산업뿐만 아니라 해외사업에서도 세계 최고의 전문 기업들과 경쟁하며 글로벌 기업으로 성장하고 있습니다.

D사는 전통과 미래가치를 소중히 하는 기업이며, 능동적이고 창조적인 자기계발과 혁신을 통해 국토의 균형 발전과 공공의 장기적 이윤을 실현하고 국민생활의

질을 향상시키기 위해 사명감을 가진 인재를 요구합니다.

적극적인 사고와 행동으로 미래를 설계하는 인재, 자신의 능력을 최대한 발휘하고 프로의식을 겸비한 인재, 공정하고 투명한 업무수행을 통해 신뢰와 믿음을 주는 인재, 유연한 사고방식과 열린 마음으로 팀워크를 발휘하는 인재를 찾고 있습니다.

모집부문은 토목 및 관련 분야 전공자로서 응시 자격은 4년제 대졸 이상으로 관련학과 자격증 소지자 및 외국어 능통자는 우대하고 있습니다.

일터소개

S엔지니어링(설계사)

토목기술은 도로, 항만, 철도, 교량, 상하수도, 댐 등 인간생활의 편리함, 자연환경과의 조화로움을 일차적인 목표로 삼는 기술입니다. 자연과 인간이 공존하는 곳이거나 인간이 자연의 힘을 적절히 제어할 필요성이 있다고 생각되는 곳 어디에서나 토목기술이 함께 했습니다.

S엔지니어링은 1991년 창립한 이래 도로, 교통, 지반, 터널, 구조, 도시계획, 단지설계, 조경, 환경, 수자원, 상하수도, 항만 등 여러 분야에서 국가초석인 사회간접자본시설의 설계 및 감리 과업을 수행하여 왔습니다.

S엔지니어링은 가치를 설계하는 'Best Engineering Company'로서, 기술력technology과 창의력creativity 그리고 미래future라는 동력으로 바른 경영, 신뢰 경영

을 하면서 세계 일류 글로벌 엔지니어링사를 지향하고 있습니다. S엔지니어링의 분야별 주요 업무는 다음과 같습니다.

도로분야는 국가의 균형발전과 모든 사람이 안전하고 쾌적하게 이용할 수 있는 도로건설을 위한 서비스를 제공하며, 지반터널분야는 사면, 연약지반, 기초, 터널 등 지반공학적 요구사항에 대한 통합 솔루션을 제공합니다.

구조교량분야는 교량, 지하구조, 철도, 항만 등 인류가 만들어내는 모든 구조물을 대상으로 한 최적의 설계 서비스를 제공하며, 교통분야는 창의적인 교통계획 및 첨단교통시스템으로 모든 사람이 안전하고 편리하게 이동할 수 있도록 다양한 해결책을 제공합니다.

환경분야는 환경적으로 건전하고 지속가능한 개발을 위해 전략환경영향평가, 사후환경영향조사, 소음평가 등으로 환경대안을 제공하며, 철도분야는 친환경, 고에너지 효율 등 미래 교통수단의 주축인 고속철도, 일반철도, 경전철 등 철도건설을 위한 설계 서비스를 제공합니다.

도시계획분야는 신도시, 주택단지, 산업단지 등의 단지조성과 공공시설 입지를 위한 타당성조사분석 및 계획·설계 서비스를 제공하며, 단지설계분야는 효율적인 토지이용 계획과 합리적인 설계로 주택, 산업, 유통, 특수시설 조성을 위한 전반적인 설계 서비스를 제공합니다. 조경분야는 생활의 여유와 휴식을 만끽할 수 있는 지역 및 지구조경, 공원, 휴양지 등의 관광·조경에 관한 설계 서비스를 제공하고,

수자원분야는 도시 물순환 계획수립 및 워터프론트 조성, 수생태를 활용한 수질정화 습지, 친수공간 계획 등 시민 휴식공간을 제공합니다.

상하수도분야는 보다 깨끗하고 수질이 우수한 물을 생산하기 위한 최신의 정수및 하수 관련 기술 서비스를 제공하고, 항만분야는 선박의 계류 및 하역을 통한 사람과 화물의 이동을 능률적으로 처리하는 기반시설인 항만 설계 서비스를 제공하며, 건설관리분야는 기획부터 유지관리단계까지 사업단계별로 최상의 품질유지, 사업비 및 사업기간 단축 등 고객 만족도를 제공합니다.

S엔지니어링은 자신의 역할에 대해 능동적이며 책임감을 지닌 인재, 자율과 팀워크를 중시하는 인재, 미래를 예측하고 변화를 주도하는 인재, 유연한 사고와 창의력을 지닌 인재를 채용하기 위해 수시로 홈페이지를 통해 채용 공고를 게재하고 있습니다.

지원 자격은 학사학위예정자 이상인 자로 외국어영어 및 OA 능력자 우대, 기사자격 보유자 우대, 해외대학 출신자를 우대하고 있으며 서류전형, 면접전형, 신체검사, 최종합격의 채용절차를 거칩니다.

C컨설팅사 김현지

1930년대 덴마크에서 설립한 C사는 유럽을 기반으로 아시아, 중동, 아프리카, 아메리카의 120개 이상의 국가에서 공학, 안전, 환경 관련 등 85,000개 이상의 프로젝트에 대한 컨설팅 서비스를 제공해온 회사입니다.

교량에 대하여 특수화되어 있는 C사는 전원 토목공학과 졸업 후 구조 전공의 석사 및 박사 또는 기술사의 자격을 가진 구성원으로 이루어져 있습니다.

C사의 주요 업무는 설계사들의 주요 영역인 교량의 설계design뿐 아니라, 설계에 대한 경험과 지식을 갖추고, 설계 시 검토되지 못했거나 시공성을 고려하지 못한 설계 사항 등을 검토하는 독립 설계 검토Independence Design Check, IDC, 마지막으로 시공이 직접적으로 이루어지는 시공사나 전문 시공업체와 같이 시공 시 발생할 수 있는 많은 구조적인 문제 해결에 관한 가설 엔지니어링Construction Engineering, CE에 관한 컨설팅 서비스를 제공하는 것입니다.

C사는 전 세계적으로 수많은 대표적인 사장교와 현수교의 설계, 독립 설계 검토, 그리고 국외의 Maracaibo Bridge, Doha Metro 등의 기본 설계, 국내의 부산 - 거제연결도로거가대교의 기본설계, 실시설계 및 가설 엔지니어링, 거금2단계금빛대교의 독립 설계 검토 및 가설 엔지니어링에 참여하였습니다. 그리고 국내에서 발주되어 시공되었거나 시공 중인 거의 모든 사장교의 가설 엔지니어링에 참여하고 있습니다.

건설사

　사업규모나 고용규모로 볼 때 민간부문을 구성하는 가장 큰 업역은 건설사시공사입니다. 이는 건설사업을 수행할 때 사업비의 대부분이 공사비로 집행된다는 사실로부터도 예상할 수 있습니다. 이들 민간부문의 기업들은 토목사업의 설계 및 시공을 담당하여 발주된 목적물을 물리적으로 만들어내는 역할을 합니다.

　흔히 시공사라고 부르는 건설회사는 말 그대로 시공施工, 즉 공사를 시행하는 회사인데, 건설회사는 면허의 종류에 따라 종합건설사종합건설와 전문건설회사단종회사로 나누어집니다. 종합건설사는 토공, 철근 콘크리트공, 상하수도, 포장 등 여러 가지 공종에 대한 시공이 가능하며, 전문건설회사는 특정 공종만 시공하는 회사입니다. 예를 들어, 정부에서 도로공사를 발주하였는데, 단순하고 사업량이 적은 아스콘 포장이면 전문건설포장면허이 시공 가능하나, 각종 도로시설교량, 터널, 상하수도 등이 포함된다면 일반건설업으로 시공하여야 하는 것이지요. 하지만 종합건설사와 전문건설회사의 영역이 명확히 구분되는 것은 아니고, 흔히 종합건설사는 일부 공종에 대해 전문건설회사에 시공 하청을 주기도 합니다.

　시공사는 발주되는 공사를 수주하여 공사완료까지 필요한 모든 제

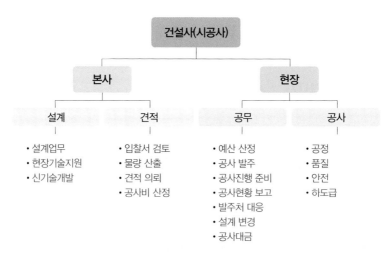

건설사의 업무내용과 조직구성 예

반업무를 담당합니다. 따라서 시공회사의 조직은 본사와 현장으로 나눠집니다. 본사에서는 주로 수주를 위한 입찰준비와 현장지원을 위한 설계, 견적 등을 담당합니다.

공사를 시행하기 위해서는 해당 토목사업을 수주해야 하는데, 이와 같은 업무는 본사에서 수행합니다. 본사의 주요 업무는 발주되는 사업에 입찰을 계획하고 이를 수주하기 위한 준비과정을 거쳐 사업을

Tip!

시공사에 입사한 경우, 전문성을 인정받기 위하여 시공기술사를 준비하게 됩니다. 시공기술사는 현장 기술자로서는 최고의 기술적 권위를 갖는 기술자격입니다.

수주하는 노력을 하는 것입니다. 현장에서의 업무는 공무와 공사로 나뉘는데, 공무는 현장의 예산관리와 집행, 자재조달 및 관리, 민원처리, 발주처와의 협의 등을 수행하고, 공사는 터파기, 기초공사, 구조공사 등 실제 공사 업무를 수행합니다.

한편, 주요 시공사는 연구소를 두고 있거나, 설계팀을 운영합니다. 시공사가 수주한 토목사업의 전반 설계는 전문 설계사가 수행하지만, 시공사의 자체 설계인력은 시공을 위한 시행설계나 환경의 변화로 인한 설계변경 또는 문제가 발생할 때 기술적인 해결책을 제시하는 역할을 합니다.

최근에는 시공사의 해외 수주 사업 중 플랜트 사업의 수주가 늘고 있습니다. 따라서 플랜트사업본부를 별도로 운영하기도 하는데, 플랜트사업본부에서는 설계 검토, 시공비 산정, 데이터베이스 구축, 현장 지원, 현장공무, 현장공사 등의 업무를 담당합니다. 플랜트 사업의 경우 토목기술자는 주로 부지, 기초, 구조 등의 업무에 참여하게 됩니다.

건설회사에 입사하는 사람은 '임원'을 꿈 꿀 수 있습니다. 건설회사의 임원은 기술의 베테랑이자 건설 비지니스의 최정상에 올랐다고 할 수 있습니다. 세련된 이면에 건설인생의 시련과 영광을 모두 맛본 최고의 기술 경영인이 건설사 임원이라고 할 수 있습니다.

G건설사(시공사)

G건설사는 인프라부문의 보다 효율적인 가치창출과 원가관리를 위해 인프라부문과 수행본부로 세분화된 조직을 가지고 있습니다. 인프라부문은 수주활동을 주요 업무로 하는 영업, 설계, 견적으로 이루어져 있으며, 수행본부는 사업의 품질, 안전, 원가등의 목표달성을 위해 현장을 지원하는 것이 주요 업무입니다. 회사의 직무내용을 보다 자세히 소개하면 다음과 같습니다.

토목시공 : 토목시공은 현장에서 공종별 시공관리 업무를 수행합니다. 시공관리 업무의 주된 내용은 철저한 시공관리 및 계약상의 공기를 준수하여 사회기반시설을 완성하는 것입니다. 시공사의 입장에서 원가 절감 또한 중요한 항목입니다.

이 업무에는 기본적으로 공사수행에 필요한 전반적인 토목시공 지식도면파악, 물량산출, 구조검토, 공정표 관리 등과 이와 관련한 다방면의 지식은 물론 현장의 문제를 신속, 정확히 해결할 수 있는 적극적이고 긍정적인 마인드와 리더쉽 또한 중요 자질입니다.

토목견적 : 토목견적은 토목 프로젝트 입찰 단계에서 최적의 공사비와 실제 공사에 투입되는 비용을 산출하는 업무입니다. 업무의 주된 내용은 개략적인 견적을 통하여 초기 영업정보를 제공하고, 해당 프로젝트가 진행되는 동안 소요되는 모든 직접공사비, 간접비 및 경비 등을 예상하여 비용을 산정하는 것입니다.

토목견적 업무는 프로젝트의 공사금액을 결정하는 작업이니만큼 실제 공사에 투입되는 물량과 그에 대한 단가 정보를 아는 것이 중요합니다. 이를 위해 설계 도면을 파악하는 능력과 공사비에 영향을 줄 수 있는 각종 데이터를 분석하는 능력은 견적업무에서 아주 기본적인 자질입니다.

토목설계 : 토목기술설계팀은 국내 및 해외 토목 프로젝트의 설계관리를 담당하는 조직으로 국내·외 프로젝트 입찰 설계 관리 및 시공성과 경제성을 고려한 실시설계 관리가 주요 업무입니다.

토목기술설계팀은 도로, 구조, 토질, 터널, 철도, 수자원 및 항만공학 등의 각 분야 전문가들로 이루어진 집단으로서, 해외입찰업무수행을 위한 원활한 외국어 구사 능력은 기본이고, 다양한 설계 경험과 최신 설계기준 및 이론에 대한 높은 이해도를 필요로 합니다.

진학

건설영역은 산업의 한 부분이며, 부가가치나 파급효과가 매우 큰 업역으로서 연구, 교육, 관련 단체 및 지원기관의 활동도 매우 중요해지고 있습니다. 이들 분야의 고용수요는 높은 것은 아니나, 공공 및 민간영역에 걸쳐 꾸준히 증가하여 왔습니다.

건설분야의 연구부분은 앞서 언급한 국가출연 연구소, 민간기업 부설연구소, 대학연구소 및 대학원 연구실 등이 있고, 교육부분은 대부분 대학 및 대학원이 담당하나, 전문교육원, 학회 및 협회에서 주관하여 전문기술교육을 실시하기도 합니다.

연구나 교육을 담당하는 인력은 매우 전문적인 지식을 보유해야 하므로, 역시 대학원 석사 이상의 학력을 요구하는 경우가 많습니다. 연구기관에 대해서는 이미 기타공공기관에서 다루었으므로 여기에서는 학교나 연구소를 소개하기보다 대학원 진학에 대해 살펴보겠습니다.

고등학교를 졸업하면서 취업 대신에 대학진학을 결정하였듯이, 대학을 졸업하고 곧바로 취업하는 대신에 대학원에 진학하면 좀 더 전문적인 업무를 수행할 수 있는 역량을 키울 수 있고, 그에 부합하는

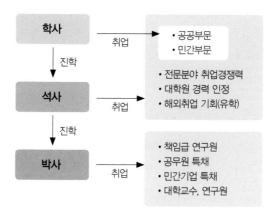

학위별 가능한 취업군 예

취업기회를 가질 수 있습니다. 통상 대학원과정은 2년, 박사과정은 3년 이상이 소요됩니다. 최근에는 석박사 통합과정이 설치되어 기간을 1~2년 정도 단축할 수도 있습니다.

대학원은 토목공학의 세부전공구조공학, 지반공학, 수자원공학, 환경공학 등을 정하여 진학하게 되며, 대학원의 교육·연구과정을 통해 본인이 원하는 전공의 전문가로 활동할 역량을 키울 수 있습니다. 최근, 해외 대학원으로 진학하여, 해외취업의 기회를 노크해보는 경우도 많습니다.

세부 전공분야의 전문가가 되고, 연구소, 대학 등 보다 전문적인 취업기회를 원한다면, 대학원 진학도 고민해보아야 할 것입니다.

04

준비된 자가 기회를 얻는다
- 부문별 취업준비전략

도전의 정석, 준비된 자만이 기회를 얻는다

현재 인기 있는 직업, 또는 좋다고 소문난 직장이 미래에도 그럴까요? 70~80년대 공무원이란 직업은 지금처럼 인기가 있었던 것 같지는 않습니다. 공무원으로 첫 출발을 했던 분들 중에서는 도중에 월급이 많은 민간기업으로 직장을 옮긴 경우가 많았는데, 요즘처럼 공무원과 공기업 등이 인기 직업이 되고 이쪽으로의 취업준비 편향이 심해지는 것을 보면 그 분들은 격세지감을 느낄 것입니다. 안정된 직장을 선호하는 세태를 반영하듯 공무원과 공기업에 대한 과도한 인기는 고용과 취업이 불안정한 시대상황이 빚어낸 일시적 현상은 아닌지? 선진국에서는 공무원의 인기가 우리나라처럼 높지 않다는 점도 눈여겨 볼 일입니다.

직업변화의 큰 추이를 보면 앞으로 공공부문은 보다 더 유연한 채용구조로 진화할 것이며, 민간과 공공의 순환과 교환의 정도가 점점 더 증가할 것으로 보입니다. 아직 완전히 정착된 것 같지는 않지만, 정부의 공무원 채용방식도 민간경력자를 채용하는 개방형 채용방식이 도입되었고, 앞으로 개방형 직위^{특히 고위직}는 점점 더 늘어 갈 추세입니다. 이러한 경향은 본 안내서에서 일관되게 이야기해온 직업보다는 '직능'의 중요성을 시사하는 것입니다.

모든 기업들이 가장 우수한 인재를 뽑으려 노력하고 있고, 이를 위한 다양한 채용방식들을 도입해왔습니다. 공공 또는 민간 기업에 따라 요구되는 직업소양이 다르므로 채용방식도 다릅니다. 하지만 비중의 차이는 있더라도 기업이 측정하고자 하는 지원자의 능력은 인성, 전공지식, 외국어능력, 경험 그리고 대외활동 같은 것들입니다. 전공지식은 시험이나 인터뷰를 통해 측정하는데, 공무원이나 공기업의 경우 공공채용의 형평성에 무게를 두어 거의 모두 시험을 포함하고 있습니다.

4년간의 대학생활을 시작하면서, 본인이 즐길 수 있는 분야를 정하고, 이를 위해 일찍부터 요구되는 소양을 함양할 수 있다면 매우 성공적인 대학생활이 될 것입니다.

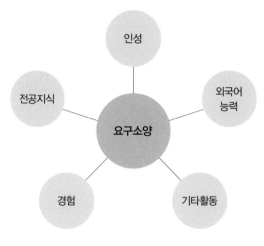

채용자가 말하는 취업요구소양의 예

전공학업계획 – 학점관리

기업이 요구하는 인재를 배출하기 위하여 많은 대학이 공학교육인 증제를 도입하고 있습니다. 그런데 그동안 엄청난 양의 지식이 축적되었고 지난 십여 년간 가르쳐야 할 내용과 배워야 할 내용이 크게 증가해왔음에도, 졸업 이수학점에서 전공분야가 차지하는 비중은 크게 낮아졌습니다. 대학에 입학하면 1, 2학년 때는 기본교양과 전공소양수학, 물리 등을 주로 공부하고, 2학년 1학기에 지정교양과 전공기초과목을 시작해 3, 4학년에 본격적인 전공수업을 듣게 됩니다. 전공과목은 학교마다 차이는 있으나 로드맵에 예시한 대로 대체로 구조공학, 지반공학, 수공학, 지형정보공학 등이 있습니다.

학생들은 어렵고, 과제가 많은 과목을 피하는 경향이 있습니다. 그리고 기업은 1차적으로^{서류전형 등} 학점만을 보는 사례가 많습니다. 이런 이유로 학점 따기에 유리한 과목만을 이수하게 되는 경향이 있습니다. 하지만 실제로 채용과 관련된 기업임원들의 얘기를 들어보면, 도전적인 과목을 수강한 학생에 관심이 간다고 합니다. 즉, 학점보다 하고 싶은 분야의 과목에 도전하는 학생을 선호한다는 것이지요. 따라서 채용절차인 인터뷰 등에서는 전공에 대한 도전적 학습이 오히려 도움이 되는 예가 많다는 사실도 기억하면 좋을 것 같습니다.

특히 설계용역사와 같이 전문분야를 추구할 계획이면 학부과정부터 지향하는 분야와 관련한 기반수업을 많이 듣는 것이 필요하며, 대학원에 진학하여 Specialist로서의 전문소양을 쌓기 위한 과목수강까지 길게 생각하는 것이 바람직할 것입니다.

외국어능력, 영원한 숙제!

엄청난 시간과 비용을 투입하고도 실질적 교육효과를 내지 못하는 것이 '외국어교육'이 아닌가 합니다. 초등학교에서부터 대학에 이르기까지 영어를 배우지만 정작 외국인을 만나면 입이 얼어붙는 것이

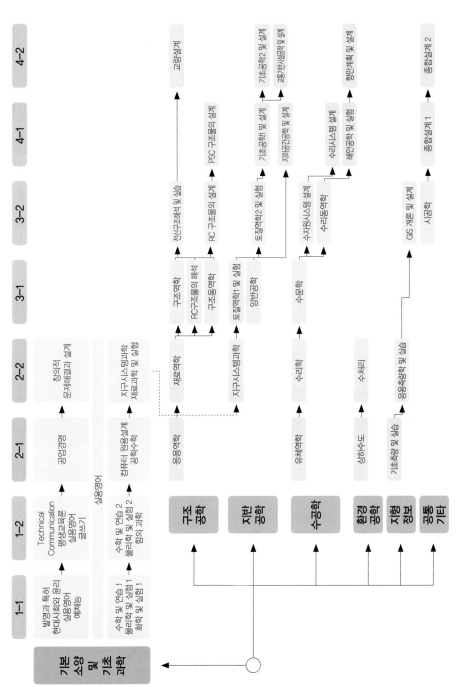

토목공학 학과목 로드맵 예(학교마다 차이가 있습니다.)

아직까지도 상당한 현실인데, 이제 실무에서 마주치는 영어 사용 환경은 피할 수가 없습니다. 반복과 시간 투자로 실전에 활용 가능한 외국어 능력을 길러야 합니다.

외국어 능력에 요구되는 소양은 커뮤니케이션 능력과 보고서report 작성 능력일 것입니다. 영어 실력에 대한 공인결과가 TOEIC이니 시험 준비에만 매달리면 정작 업무에 요구되는 소양과 동떨어지게 마련입니다. 요즘 Speaking 평가도 있지만 시험성적과 언어능력이 정확히 비례하지 않는다는 데 문제가 있습니다. 하여튼 외국어능력은 시험으로든 면접으로든 진짜 실력으로 갖추어야 나의 직업적 경쟁력이 됩니다.

오랜 기간 공부를 해서 알 수 있듯이 외국어능력은 하루아침에 벼락치기로 이루어지지 않습니다. 다행히도 요즘은 도처에서 외국어를 접할 수 있는 환경이므로 큰 틀을 계획하여 취약한 능력을 개선해나가는 노력이 필요합니다. 특히 '듣기'는 커뮤니케이션의 기본이지만 쉽게 향상되지 않으므로 장기간 계획을 가지고, 본인의 취약점을 개선하려고 노력해야 합니다.

국가기술자격의 취득

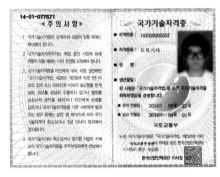

기사자격증(토목기사)

대학졸업 전 국가기술 자격인 기사자격을 얻기 위한 시험을 치를 수 있습니다. 졸업 전 해당 자격을 취득할 수 있다면 학위과정을 이수하는 좋은 마무리가 될 것입니다. 일반적으로 토목 관련 자격증은 한국산업인력관리공단에서 관리합니다. 매우 다양한 자격제도를 운영하고 있으므로 관심에 따라 취득할 수 있습니다. 요즘 스펙용으로 특이한 자격을 취득하는 사례도 많다고들 합니다. 그냥 보여주기 위한 것이라면, 자격취득 시간소요에 따른 기회비용을 생각해서 잘 판단해볼 일입니다.

제너럴리스트가 될 것인가, 스페셜리스트가 될 것인가?

대학을 마치고 직업을 선택하는 일은 앞으로의 경력을 개발하는 데 제너럴리스트generalist, 혹은 스페셜리스트specialist가 될 것인지에 대한 고민을 수반합니다. 전반적이고 종합적인 업무를 다룰 것인가 아니

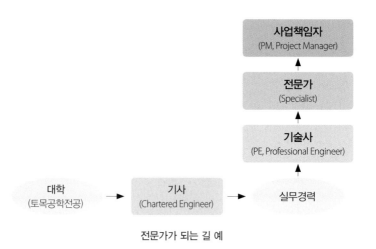

전문가가 되는 길 예

면 특정 분야예, 구조, 지반, 수문, 지형정보 등의 전문가로 활동할 것인가를 가늠해보는 것입니다.

제너럴리스트의 역할은 매우 중요하고, 필요합니다. 공무원이나 종합건설업체의 임원이면 제너럴리스트라 할 만합니다. 많은 분야의 폭넓은 지식을 가지고 조직을 운영하는 위치에서 일하게 됩니다.

반면 스페셜리스트는 특정 분야에 대한 깊은 지식을 가지고 현장의 문제를 해결하는 사람입니다. 3장에서 다룬 구조, 지반, 도로, 철도 등과 같은 전문영역의 업역설계사, 연구원 등이 여기에 속합니다. 어떤 영역에서든 전문가가 될 수 있지만, 그래도 대학, 연구소, 설계용역회사 등이 전문가가 주로 활동하는 영역입니다. 이 분야의 채용은 보편적으로 정리하기 어렵습니다. 대개 학위와 연구실적을 평가하여 선발하는 것이 일반적입니다. 전문가로 출발했지만 궁극적으로 제너럴리스트로 전환되는 것도 흔한 현상입니다.

그리고 또 생각할 수 있는 것들...

이밖에도 특별한 교육훈련, 해외연수 등은 학생들이 취업준비 단계에서 많이 준비하는 스펙일 것입니다. 교육훈련은 해외건설협회, 건설기술교육원 또는 고용노동부의 지원을 받는 다양한 주제로 시행되고 있습니다예. NSC. 대체로 현재의 건설시장에서 필요로 하는 인재나 지식을 제공하기 위하여 기획된 프로그램이 많습니다. 본인이 이수한 프로그램과 같은 소양을 요구하는 회사에 지원하는 경우 도움이 될 수 있을 것입니다.

해외연수는 언어 한계를 극복할 수 있는 대안으로 한 때 유행했었습니다. 하지만 최근에는 좋은 교육기관, 영어매체가 흔하여 해외에 나가지 않고도 언어능력을 향상시킬 수 있는 기회가 많습니다. 언어능력은 들인 시간과 노력에 비례하여 개선되므로 대학 4년간 이를 향상시키는 것이 좋을 것입니다.

국가직무능력표준^{NCS, national competency standards}이란?

NCS란 산업현장에서 직무를 수행하기 위해 요구되는 지식·기술·소양 등의 내용을 국가가 산업부문별·수준별로 체계화한 것으로, 산업현장의 직무를 성공적으로 수행하기 위해 필요한 능력을 국가적 차원에서 표준화^{매뉴얼}한 것을 의미합니다.

일례로 '터널의 설계'라 하면 터널설계직무의 내용를 정의하고 이를 수행하는 데 필요한 능력^{예, 조사, 기본계획, 부문별 설계, 도면 및 시방서 작성 등}과 능력 단위요소^{각 능력에 대한 세부항목}를 도출하여 이의 수행준거^{지식, 기술, 태도}를 매뉴얼화 한 것으로, 이에 따라 교육 및 훈련을 실시하여 기술적 표준 소양으로 갖추도록 하는 제도입니다.

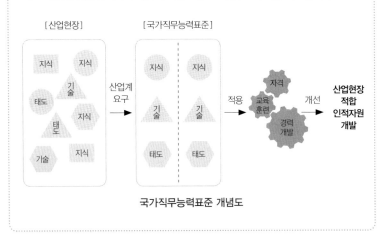

국가직무능력표준 개념도

공공부문 채용 및 취업 도전기

정부기관이나 공기업은 기본적으로 세금을 사용하는 기관입니다. 따라서 채용에서 기회균등과 형평의 문제가 매우 중요한 이슈가 됩니다. 이에 따라 매년 채용인력수급계획에 따라 채용인원을 확정하고, 채용방법을 정하여 미리 고시하고 있습니다.

국가직 공무원

토목직 공무원시험은 5급, 7급, 9급 공무원으로 나뉘며 모두 학력, 경력 등의 제한은 없습니다. 공개채용시험은 매년 1회 실시되며 매년 일정과 채용인원은 달라집니다.

채용시험전형은 제1·2차 시험은 선택형/논술형 필기시험이며, 합격자에 한하여 3차 면접시험을 실시한 후 최종 합격자를 선발합니다.

토목건설분야 관련 자격증토목기사, 건설재료시험기사, 응용지질기사, 지적기사, 측량및지형공간정보기사, 콘크리트기사 등이 있으며 6급 이하 및 기술직 공무원 채용시험 시 5%의 가산점을 받을 수 있습니다. 기사 자격시험은 한국산업인력공단에서 주관하며 필기시험과 실기시험으로 나누어 각각 1년에 4회 실시합니다. 기사 자격증을 취득하고 일정기간 실무에 종사하면 기술사 시험에 응시할 수 있는 자격이 주어집니다. 기술사 시험에 합격하면 그 직종의 특급 전문가로 인정받을 수 있어 민간전문가를 대상으로 하는 개방형 공모직 특채에 유리합니다.

최근 공무원의 전문성과 공공업무 효율성을 높이기 위해 공채가 아닌 특채를 통해 민간전문가 채용을 확대하고 있는 추세입니다. 7급·9급 공무원은 추천제를 도입하여 공채규모를 점차 축소하고 있으며, 행정고시 또는 기술고시를 통해 채용하던 5급 공무원도 민간전문가 채용시험을 신설하여 직장인 등 일반인도 전문성을 키우면 공직에 진출할 수 있도록 하였습니다. 또한 최근에는 7급 지역인재추천채용제가 도입되어 각 대학교에서 입학정원에 따라 2~4명을 추천하고, 대학별 자체 추천심사위원회는 우수 학생^{학과 성적 상위 5% 이내, TOEIC 775점(TEPS 700점) 이상}을 공무원에 추천을 할 수 있으므로, 눈여겨볼 만합니다.

지역인재 추천채용제의 대학별 추천상한 예

입학정원	1,000명 이하	1,001~2,000명	2,001명 이상
추천인원	2명	3명	4명

영어능력검정시험 기준점수 예

시험종류	TOEFL			TEPS	TOEIC	G-TELP	FLEX
	PBT	CBT	IBT				
기준점수	560점	220점	83점	700점	775점	77점 (level 2)	700점

지역인재추천채용제도 예

구분		목적	지원자격	근무 및 채용	주요 내용
지역 인재 추천 채용제	7급	공직 내 지역 대표성 강화, 지방대 육성	4년제 대졸	1년 견습 후 일반직 7급으로 채용	특정 광역시·도의 합격자 10% 이내로 제한
	9급	학력이 아닌 '능력과 실력' 중심의 사회구현	고교 및 전문대졸	6개월 견습 후 일반직 9급으로 채용	특정 광역시·도의 합격자 20% 이내로 제한
지방 인재 채용 목표제	5급	서울~지방 간 불균형 완화, 우수한 지방 인재의 공직진출 기회 확대	-	-	지방학교 출신 합격자가 20%에 미달할 경우 일정 합격선 내에서 추가 선발
공공기관 지방인재 채용쿼터제	기획재정부는 2011년 '공공기관 지역인재 채용확대계획'을 발표하여 지역인재 채용비율이 30%에 미달하는 공공기관의 단계적 지역인재 채용확대계획을 밝혔음. 한편, 2014년 제정된 '지방대학 및 지역균형인재 육성에 관한 법률'은 공공기관의 경우 연간 신규채용 인원 중 35% 이상을 지역인재로 채용할 것을 권고하고 있음				

Tip!

　연구직 공무원의 경우 일반적인 채용방식에 따르지 않고 해당 기관에 따라 선발방식의 차이가 있을 수 있습니다.

시설사무관^{일반토목}은 5급 공개경쟁채용시험 또는 5급 국가공무원 민간경력자 일괄채용시험을 통해 선발됩니다. 2015년 공개채용시험의 선발 예정인원은 21명이었습니다. 공개채용시험은 학력, 경력 등에 관계없이 누구나 응시할 수 있지만 민간경력자 일괄채용시험에 응시하려면 해당 분야의 학위 또는 경력이 요구됩니다.

민간경력자 채용은 공직사회의 다양성과 전문성, 개방성을 높이고 경쟁력을 강화할 목적으로 2011년에 처음 도입되었으며, 정부부처별로 소규모 인원을 수시 채용해온 기존의 방식을 개선하여 매년 1회 이상 각 부처의 수요를 받아 일괄적으로 공고하여 채용하고 있습니다. 2015년 시설사무관^{토목직}의 선발 예정인원은 3명이며 응시자격에 제시된 경력, 학위, 자격증의 응시자격요건 중 하나 이상을 충족해야 지원할 수 있습니다.

시설사무관(일반토목) 2015년 공개채용시험 선발 예정인원 예

직렬(직류)	선발 예정인원(총 343명)	주요 근무 예정기관(예)
시설직 (일반토목)	전국 : 15명 지역구분 : 6명	국토교통부, 새만금개발청, 그 밖의 수요부처

시설사무관(일반토목) 2015년 민간경력자 채용 응시자격요건 및 선발 예정인원

임용예정 직급(직류)	시설사무관(일반토목)
선발예정 인원	3명
임용예정 기관	국토교통부(2명), 환경부(1명)

응시자격요건	
우대 요건	• 도시계획기술사 자격증 소지 후 신도시 건설 및 택지공급분야에서 3년 이상 경력자(인턴 제외)
주요 업무	• (환경부) 물환경 관리, 수생태계 복원 관련 정책기획·집행·관리 • (환경부) 환경분야 관련 법령 운영 등 • (국토부) 철도 건설사업의 품질·안전 및 환경관리, 안전관리 • (국토부) 지능형 교통체계(ITS) 정책 및 법령수립, 품질인증 및 표준 개정 관리

필요
역량
	• (공통 역량) 공직윤리(공정성, 청렴성), 공직의식(책임감, 사명감),
	  고객지향마인드(공복의식)
	• (직급별 역량) 상황인식/판단력, 기획력·팀워크 지향, 의사소통능력·
	  조정능력
	• (직렬별 역량) 기술적 전문지식, 분석력, 계획관리능력

필요 지식	• (공통) 각종 환경(토목)사업 관련 설계 및 건설에 대한 구체적인 지식 • (공통) 환경(토목) 및 철도건설 관련 법률에 관한 전반적인 지식 • (국토부) 교통공학, 교통안전, 도시공학, 통계 등 ITS 관련 지식

		※복수국적자는 당해 직무분야에 임용이 제한되므로 임용 전까지 외국 국적을 포기해야 함(환경부)
		관련 분야 : 일반토목
응시자격요건	경력	• 관련 분야에서 10년 이상 재직한 경력이 있는 자 • 관련 분야에서 관리자로 3년 이상 재직한 경력이 있는 자
	학위	• 관련 분야 박사학위 소지자 • 관련 분야 석사학위 소지 후 4년 이상 경력이 있는 자 (관련 분야 : 응용역학, 측량학, 토질역학, 재료역학, 구조역학, 철근콘크리트공학, 수리수문학, 도시계획, 유체역학, 도로공학)
	자격증	• 토질 및 기초, 토목품질시험, 토목구조, 항만 및 해안, 철도, 수자원개발, 상하수도, 농어업토목, 토목시공, 측량 및 지형공간정보, 도시계획, 조경, 지적, 지질 및 지반, 건설안전, 교통, 광해방지 기술자 자격증을 소지한 후 관련 분야 2년 이상 경력이 있는 자

5급 공개채용시험은 대개 1월에 원서접수가 시작되며 1차^{선택형 필기시험}는 2월, 2차^{논문형 필기시험}는 8월에 진행되고 3차^{면접시험}은 11월에 치릅니다.

1차 시험 : 선택형 필기시험 | 1차 시험인 공직적격성평가^{PSAT: Public Service Aptitude Test}는 5급 공무원으로서 업무수행에 필요한 기본적인 판단능력과 사고력 등을 평가하는 것으로 특정과목의 전문지식 평가가 아니라 공직자로서 필요한 기본적인 소양과 자질을 측정하는 데 초점

을 맞추고 있습니다. 과목은 언어논리, 자료해석, 상황판단의 3과목이며, 각 영역별로 40문항씩이고 시험시간은 각각 90분입니다. 영어는 영어능력검정시험 성적표를 제출하는 것으로 대체하며 대상시험별로 기준 점수를 제시하고 있습니다. 한국사능력검정시험은 국사편찬위원회에서 주관하여 시행하는 시험으로 2급 이상이어야 합니다.

영어능력검정시험으로 인정되는 대상시험 및 기준 점수

시험명	TOEFL			TOEIC	TEPS	G-TELP	FLEX
	PBT	CBT	IBT				
5급 공채 (행정·기술)	530	197	71	700	625	65 (level 2)	625
외교관 후보자 선발시험	590	243	97	870	800	88 (level 2)	800

2차 시험 : 논문형 필기시험 | 2차 시험은 논문형 필기시험으로 채용분야별로 필수과목과 선택과목이 나뉩니다. 시설직일반토목의 시험과목은 4과목이며 문제는 논술형과 약술형으로 나뉘며 과목당 120분의 시간이 주어집니다. 필수과목은 과목당 100점, 선택 과목은 50점이 만점입니다.

시설직(일반토목) 5급 공개경쟁채용시험 시험과목

직렬(직류)	제1차 필기시험(선택형)	제2차 필기시험(논문형)
시설직 (일반토목)	언어논리영역 자료해석영역 상황판단영역 영어 (영어능력검정시험으로 대체) 한국사 (한국사능력검정시험으로 대체)	필수(3) : 응용역학, 측량학, 　　　　　토질역학 선택(1) : 재료역학, 구조역학, 　　　　　철근콘크리트공학, 　　　　　수리수문학, 　　　　　도시계획, 유체역학, 　　　　　도로공학

3차 시험 : 면접시험 | 3차 면접시험은 2차 시험 합격자만을 대상으로 실시하며 집단토론, 개인발표, 개별면접으로 나뉘어 진행됩니다. 면접은 공무원으로서의 정신자세^{국가관, 공직관}와 전문성 등 직무수행에 필요한 능력과 적격성을 종합적으로 판단합니다. 집단토론에서는 응시자들이 사회자를 선정하여 자유롭게 토론하며 토의 주제는 주로 사회적 문제와 그 대안에 대한 것으로 이루어집니다. 개인발표는 주어진 주제에 대해 본인의 생각을 약 15분간 발표하는 것으로 지난 2014년의 주제는 '탄소배출권거래제와 탄소배출목표제 시행에 대한 문제점 및 정책대안 제시'였습니다. 집단토론과 개인발표를 통해 전문지식과 응용능력, 의사발표의 정확성과 논리성에 대해 평가합니다. 이밖에 개별면접은 사전조사서를 바탕으로 진행되는데, 사전조사서는

면접 전 응시자들이 작성하며 갈등을 해결한 경험, 타인의 도움을 받았거나 거절한 사례 등과 같은 본인의 경험을 적는 것으로 예의·품행 및 성실성, 발전가능성 등을 평가하는 기준이 됩니다.

　민간경력자 일괄채용시험도 공개경쟁채용시험과 같이 1차^{필기시험}, 2차^{서류전형}, 3차^{면접시험}로 절차가 구분되며, 민간경력이 해당 직무를 수행하는 데 적합한가의 여부에 초점을 맞추어 진행됩니다. 따라서 본인이 해당 직무에 적합한 역량과 전문성을 보유하고 있다는 것을 서류전형 및 면접시험 과정에서 충분히 보여주는 것이 중요합니다.

특허청 오세진

준비 과정 │ 안녕하세요. 특허청에 근무하는 오세진이라고 합니다. 저는 5급 공채 행정직으로 공직에 입문하게 되었는데요. 2010년부터 3년 반 정도 학교 고시반에서 1차를 준비하고 신림동에서 강의 및 스터디를 통해 2차를 준비하였습니다. 특히 스터디가 합격에 매우 큰 역할을 하였는데, 서로 긍정적인 피드백을 해가며 4개의 스터디를 통해 하루 8시간 이상 같이 공부하며 같이 노력한 끝에 2013년 2차 시험에 합격하였습니다. 이후 면접 스터디와 학원 강의를 통해 3차까지 합격할 수 있었습니다.

토목공학과를 나와서 행정직 공무원을 준비하면서 불확실성도 크고 다른 공부를 한다는 점에서 애로사항이 있었습니다. 그렇지만 처음 토목공학과를 진학할 때에도 공무원처럼 사회기반시설을 통해 발전된 국가를 만들고 싶다는 이유로 선택한 것이어서 힘들 때에도 계속 준비할 수 있었습니다.

합격 이후 현재 업무를 맡기까지 │ 현재 저는 중앙공무원교육원'14년 3~7월, 경기도청 철도국'14년 7월~'15년 7월에서의 수습기간을 거쳐 특허청 산업재산보호정책과에서 우리 기업의 지식재산권 보호를 위한 분쟁정보 제공 및 공모전 아이디어 보호 업무를 담당하고 있습니다.

특허청은 특허, 실용신안, 디자인, 상표 등 지식재산권의 출원, 심사, 심판, 등록

등을 담당하고 있으며 이 외에도 지식재산권의 창출 및 보호를 위한 다양한 업무도 진행하고 있습니다. 중앙부처 중에서는 특허청의 업무영역이 타 부처에 비해 넓지는 않지만 전문성을 기를 수 있고, 지식재산권 보호에 기여할 수 있다는 점에서 매력이 있다고 생각합니다.

미래 포부 | 앞으로 개인적으로는 지식재산분야 전문가가 되기 위해 계속 공부하고, 정책을 수립하고 집행할 때 민간과 지속적으로 소통하는 열린 공직자가 되고자 합니다.

업무적으로 볼 때 지식재산분야는 개인의 사소한 아이디어라도 특허권 등으로 경제적인 가치를 창출할 수 있고, 그 아이디어가 세상에도 큰 도움을 줄 수 있다는 점에서 가치가 무궁무진하다고 생각합니다. 따라서 개인과 중소기업의 숨어 있는 아이디어를 발굴하고 이에 대한 권리화 지원 및 보호까지 도움으로써 산업기술의 발전까지 작은 기여를 하고 싶습니다.

마지막으로... 후배님들께 드리고 싶은 말 | 후배님들도 더 나은 국가를 만들고 싶다 등의 사명감이 크다면 공공기관, 공무원을 준비하는 것이 보람도 있고, 후회하지 않는 선택이 될 수 있다고 생각합니다. 일단 공직에 들어오면 다양한 분야를 접할 수 있고, 해당 분야에서 작은 일이라도 국가의 발전이나 국민들의 주름살을 줄여드리는 작은 기여라도 할 수 있다는 점에서 보람이 있고 메리트가 있다고 생각합니다. 뜻 있는 후배님들의 많은 도전을 기대합니다.

고용노동부 박현희

우직하게, 그러나 과감하게 │ 저는 2012년 국가직 7급 공채 시험에 토목직으로 합격하여 현재 고용노동부에서 근무하고 있습니다. 합격 문자를 받고 좋아했던 때가 엊그제 같은데, 어느덧 현업에서 근무한 지 3년이 되어가네요. 사실 저보다 뛰어난 분들도 많을 텐데 제 수기를 풀어내는 것이 부끄럽지만, 미래 토목건설인들에게 조금이나마 도움이 되고자 용기를 냅니다.

저의 수험기간은 약 1년 반 정도였습니다. 그리고 2012년 7급 서울시 필기, 9급 국가직 및 지방직 필기 · 면접에 최종합격하였습니다. 저는 주로 제가 했던 수험공부 방법을 알려드릴 텐데, 저의 공부방식에서 장단점을 여러분 방식에 가감하여 저보다 단 시간에 더 좋은 결과를 얻으시길 바랍니다.

공부를 하면서 가장 중요하게 생각했던 것은 빈출 내용을 중심으로 모든 과목을 골고루 공부하는 것이었습니다. 7개 시험과목의 난이도는 약 30%의 생소하거나 푸는 데 오래 걸리는 문제들이 어느 과목에 얼마나 포함되었나에 따라 달라지는데, 매 시험마다 같지 않고 예측하기도 어렵습니다. 따라서 해당 시험에서 문제 출제 비율이 높은 과목에서 고득점을 받아야 합격할 수 있는 것입니다.

처음부터 매일 7개 과목을 공부하기는 어려워서 한 과목 이론정립 후 문제풀이 단계에서 다른 과목 이론정립을 병행하는 방식으로 하여 공부하는 과목수를 늘려

갔습니다. 그리고 기출문제는 여러 번 공부하였는데, 예를 들면, 역학과목은 이론 공부 후 매일 실전처럼 기출문제를 20문제씩 풀었고, 채점 후 푸는 데 시간이 많이 걸린 문제는 다시 시간을 재고 푼 다음 그 다음날 다른 기출 문제를 풀기 전에 또 풀었습니다.

시험 볼 때 가장 중요하게 생각했던 것은 생소하거나 시간이 오래 걸리는 문제는 과감히 포기하는 것이었습니다. 아는 것이 많아져 자신이 있는 과목일수록 자신도 모르게 정답 찾기에 집착하는 경향이 있습니다. 저는 물리·응용과목에서 항상 '조금만 더 고민하면 풀 수 있을 것 같다'는 유혹에 빠져, 뒤에 나오는 쉬운 문제들은 구경도 못하고 시험이 끝났던 적이 많았습니다. 기술직 시험은 계산 문제들이 많아 시간이 부족하기 때문에 오히려 확실하게 빨리 풀 수 있는 문제부터 답을 찾은 뒤, 나머지 문제는 해당 과목에서 내가 적게 답으로 선택한 번호를 파악해서 그 번호로 똑같이 찍는 것이 결과가 더 나을 수 있습니다.

위 방법들은 지극히 주관적이고, 저에게 맞춤화된 방식으로 참고만 하시기 바라며, 어느 방식이든 수험기간 동안 슬럼프에 빠지지 않도록 컨디션을 유지하면서 꾸준히 실천하는 것이 중요합니다. 하루 빨리 합격하셔서 함께 일할 수 있기를 기원하겠습니다.

지역인재 예비공무원 김수정

안녕하십니까? 저는 2015년 지역인재 7급 수습직원 선발시험에 합격한 김수정이라고 합니다. 쉽게 말해 7급 공무원 인턴이지만, 제도 이름이 생소하여 많은 분들이 잘 모르실거라고 생각합니다. 저의 합격수기가 공직을 꿈꾸고 있는 분들에게 조금이라도 도움이 되었으면 좋겠습니다.

지역인재 7급 수습직원제도란? ㅣ 먼저, 제도에 대해 간략하게 설명하겠습니다. 전국 광역시·도의 우수 인재를 고르게 등용하여 공직의 지역대표성을 강화하기 위한 목적으로, 지원 자격 3가지 1. 졸업자 또는 졸업예정자수습 시작 시까지 졸업이 가능한 자로서 학과성적이 상위 10% 이내인 자. 2. 어학성적 기준 점수 이상TOEIC기준 700점이상인 자. 3. 한국사능력검정시험 2급 이상인 자는 지원이 가능하고, 학교에서의 자체 선발을 통해 학교별로 입학정원에 따라 4~8명을 추천하여 응시자격을 부여하는 '학교총장추천제도'입니다. 추천대상자가 되어 서류전형에 통과하면 필기시험PSAT. 공직적격성평가과 면접시험을 치르고지역별 균형을 위해 특정 광역자치단체에 소재하는 학교의 출신비율이 합격자의 10%를 초과할 수 없음, 최종 합격하게 되면 7급 국가직공무원 수습직원인턴으로 임용되어 1년간의 수습기간을 거친 후 임용심사를 통해 7급 공무원으로 정식 임용됩니다.

꿈을 위해서라면 위험을 감수하기도 해야 한다. ㅣ 신입생 시절 진로에 대해 고민하던 중 지도교수님의 조언으로 지역인재 제도에 대해 알게 되었고, 4학년이 되어 참석한 공직박람회에서 정확한 정보를 얻어 시험을 준비하게 되었습니다. 하지만 짧았던 수험생활만큼이나 공직으로의 문턱은 너무도 높았기에 첫 번째 도전에서 고배를 마셨고, 기회균등을 위해 학교 자체선발에서 2번 이상 추천을 지양하는 제도의 특성상 재추천을 받기 위해서는 연속 추천에 대한 합당한 이유가 있어야만 했습니다. 재추천 여부는 학교마다 다르지만, 저희 학교에서는 재추천을 받으려면 지원자의 인원이 미달되거나 학교선발시험에서 다른 학생들에 비해 월등히 높은 점수를 받아야 했습니다. 고득점을 받겠다는 일념 하나만으로 다시 도전하여 학교선발에서 재추천을 받았지만, 필기시험에서 서울지역 학교 지원자들 중 마지막 등수인 5등으로 합격하여 면접시험을 준비하며 또 한 번 많은 불안감을 겪어야 했습니다. 하지만 전전긍긍하며 불안해하기보다는 제 스스로에 대한 자신감을 가지는 것이 가장 중요하다는 것을 깨닫게 되어 슬럼프를 극복할 수 있었고, 진솔한 마음가짐으로 면접시험에 임한 끝에 비로소 지역인재 7급 수습직원 선발시험에 최종합격하였습니다.

간절한 마음으로 끊임없이 노력하는 자에게 행운처럼 기회가 주어진다. | 저는 지역인재 시험을 준비하면서 주위 사람들로부터 정말 많은 도움을 받았기 때문에, 주변의 도움이 없었더라면 최종적으로 공무원 시험에 합격하는 기쁨을 맛보기 어려웠을 것이라고 생각합니다. 하지만 저를 비롯하여 최종합격한 친구들이 근본적

으로 가지고 있는 공통점은 대부분이 간절한 마음을 가지고 공무원이 되기 위해 오래전부터 끊임없이 노력하며 준비해왔다는 것입니다. 따라서 무엇보다도 꿈을 향한 본인의 간절한 마음과 끊임없는 노력이 취업의 문턱을 성공적으로 넘는 데에 있어서 가장 중요하다고 생각합니다. 또한, 주변의 시선과 시간의 압박 때문에 자신의 꿈을 쉽게 포기하지 않았으면 좋겠습니다. 제가 만일 첫 번째 도전에서의 좌절 때문에 공무원 시험을 포기했더라면 이후에도 많은 것들을 아주 쉽게 포기할 수 있었을 것이고, 제가 꿈꿔왔던 삶과는 점점 멀어지는 삶을 살아가게 되었을 것이라고 생각합니다. 꿈을 향한 흔들리지 않는 마음과 자신감을 가지고 도전한다면 머지않아 행운처럼 기회가 주어질 것입니다. 현재도 꿈을 향해 쉬지 않고 열심히 달리고 있는 토목인 여러분, 건승하시길 기원하겠습니다!

취업도전기

국토교통부 영산강홍수통제소 오성렬

안녕하세요? 국토교통부 영산강홍수통제소에서 근무하고 있는 시설연구사 오성렬이라고 합니다. 정식 발령을 받고 일한 지 약 2개월 남짓밖에 안 되는 사회 새내기이지만 지난날의 시행착오를 떠올리며 취업을 준비하고 있는 후배들에게 조금이나마 도움이 되었으면 하는 마음에 이렇게 펜을 잡게 되었습니다.

취업준비에서 가장 중요한 것 | 취업을 준비하면서 무엇보다도 중요한 것은 막

연하게 어떻게든 취업만 하면 된다는 편협한 생각보다는 '내가 무엇을 하고자 하는가? 그리고 그것을 위해 무엇을 해야 하는가?'에 대한 확실하고 구체적인 목표 설정이 선행되어야 한다고 생각합니다.

공무원시험을 준비하게 된 계기 ǀ 저는 어려서부터 안정적이고 대민봉사, 정책 실현 등 공무원의 직업특성이 성향에 맞아 공무원이 되길 희망했습니다. 군 전역 후 우연한 계기를 통해 연구직 공무원이라는 것이 있다는 것을 알게 되었습니다. 소수직렬에 대한 이해와 지식이 없었던 저로서는 연구직 공무원으로서 합격을 위하여 남들과는 다르게 좀 더 현실적인 경험을 통해 연구직 공무원을 준비해야겠다고 생각했습니다. 그중에서도 토목공학과에 진학할 때부터 물 관련 분야에 대해 관심이 많았던 저는 장차 수자원분야 연구직 공무원이 되기 위해 유량조사 및 각종 현장측량, 국내·외 학술대회 참여 등 관련 분야 활동을 했고 이와 더불어 선배님들의 조언을 통해 학문적 역량을 길러 나갔습니다. 이러한 정진의 결과 좋은 기회를 통해 국토교통부 전문임기제 공무원으로 약 2년여 동안 현장 실무경험을 쌓을 수 있었습니다.

슬럼프 극복 방법 ǀ 물론 쉽지 않았습니다. 체계적이지 못했던 계획들, 불규칙적인 생활에 따른 체력적·정신적 한계 그리고 학문적 이해에 대한 어려움들… 하지만 슬럼프가 올 때마다 구체적인 목표의 재설정을 통해 마음가짐을 다잡는 시간을 가졌고 이를 통해 참고 이겨낼 수 있었습니다.

시험 준비 및 면접 후 느낀 점 | 연구직 공무원 시험은 1차 서류전형, 2차 면접시험으로 이루어지는 만큼 면접시험의 비중이 매우 크기 때문에 면접 준비에 대한 사전준비가 매우 중요합니다. 공무원으로서 공직에 대한 전반적인 이해가 선행되어야 하며, 연구직이므로 해당 분야에 대한 전공지식은 필수적이라 하겠습니다.

면접 시 개인적인 의견을 묻는 질문은 정답이 없을 수도 있겠지만, 명확한 답이 있는 질문의 경우 잘 모르겠더라도 우물쭈물 하지 말아야 합니다. 설사 자신의 답변에 확신이 없다 하더라도 아는 정도 내에서 당당하게 말하는 것이 면접에 도움이 된다고 생각합니다. 분위기에 위축되지 않고 당당한 태도로 최선을 다하는 모습이 당락을 결정 짓는 매우 중요한 요소라고 생각합니다.

마지막으로 연구직 공무원을 준비하는 수험생 분들에게 한마디 | 시대적 상황과 다양한 변화 속에서 국민들의 공직사회에 대한 요구는 폭발적으로 증가하고 있습니다. 이에 정부는 국민들의 요구를 만족시킬 수 있는 전문성을 가진 많은 인재들을 필요로 합니다.

이러한 요구에 발맞추기 위해서는 과거 단순 스펙 쌓기 식의 취업준비 방식에서 벗어나 실무에 필요한 학술경험과 관련 직무분야 업무의 지속적인 수행이 필요하다고 생각합니다. 21세기 공직사회가 필요로 하는 전문가가 될 수 있도록 노력한다면 여러분들이 원하는 결과를 얻으실 수 있을 것입니다.

지방직 공무원^{지방자치단체}

우리나라는 1개 특별시, 6개 광역시, 1개의 특별자치시, 9개의 도^{특별} ^{자치도 포함}및 그리고 232개의 기초자치단체가 있습니다. 각 자치단체는 공무원 정원이 있어 매회 계획에 의해 새로운 공무원을 선발하고 있습니다. 지방자치단체 공무원의 응시자격은 서울시는 누구나 가능하고, 지방은 출신도 등에 따라 응시자격이 제한됩니다. 전국구에 해당하는 서울시의 사례를 통해 채용현황을 파악해보기로 하겠습니다.

2015년 서울시 공무원을 채용하는 공개경쟁임용시험은 3월에 원서접수를 시작하여 필기시험은 6월, 인·적성검사는 9월, 면접은 10월에 있습니다. 2015년 서울시의 토목분야 지방공무원 임용시험 선발예정인원은 7급 15명, 9급 170명 입니다.

서울시 2015년 토목직 공무원 선발인원

직렬	직류(분야)	직급	선발예정인원
시설	일반토목	7급	14
	일반토목(장애인)	7급	1
	일반토목	9급	100
	일반토목(장애인)	9급	23
	일반토목(저소득층)	9급	23
	일반토목(시간선택제)	9급	24

서울시 공무원 임용시험은 1·2차병합실시 선택형 필기시험과 3차 인·적성검사 및 면접시험으로 나뉘어 진행되는데, 7급은 20세 이상, 9급은 18세 이상이면 응시할 수 있으며, 학력, 전공 등의 제한은 없습니다.

1·2차 시험 : 선택형 필기시험 | 7급 및 9급 일반토목직의 선택형 필기시험 과목은 3~7과목입니다. 각 과목당 100점을 만점으로 하며 4지택1형 객관식 문제로 출제됩니다. 문제는 총 20문제이며 시험시간은 과목당 20분으로 1문제당 1분 정도의 시간밖에 주어지지 않으므로 시간분배에 신경을 써야 합니다. 교재 및 인터넷 강의 등의 접근성이 높아 시험 준비에 큰 어려움은 없습니다.

서울시 토목직 공무원 시험과목(2015)

직렬·직류	직급	시험과목
일반토목(장애인 포함)	7급	필수(7) : 국어(한문 포함), 영어, 한국사, 물리학개론, 응용역학, 수리수문학, 토질역학
일반토목(장애인, 저소득, 시간선택제 포함)	9급	필수(5) : 국어, 영어, 한국사, 응용역학개론, 토목설계
일반토목(고졸자)	9급	필수(3) : 물리, 응용역학개론, 측량

3차 시험 : 인·적성검사 및 면접 | 1·2차 시험의 합격자에 한해 면접 전

인·적성검사를 실시합니다. 인·적성검사는 답이 정해져 있는 것이 아니므로 본인이 생각하는 대로 일관성 있게 응시해야 합니다. 면접은 개별면접과 영어면접으로 나뉘어서 진행됩니다. 서울시는 유일하게 영어면접을 시행하고 있으며 이전에는 사전에 공개된 주제에 대해 영어로 발표하는 형식으로 진행되었으나 2015년에는 제출한 자기소개서에 기반하여 자기소개와 지원동기를 발표하는 것으로 바뀌었습니다. 영어발표 이후에는 질의응답 시간이 있으므로 예상 질문에 대한 대답도 준비하는 것이 좋습니다.

Tip!

지방직(서울시)의 경우 9, 7급 공무원의 자체시험으로 선발하나, 5급은 인사혁신처에 의거하여 선발합니다. 9, 7급이라도 지자체에 따라 인사혁신처 또는 광역지자체 계획으로 선발하는 경우가 있으므로 이점 유념하기 바랍니다.

7급	• **주제발표문 작성(20분)** - 시험 당일 제시되는 주제에 대한 발표문 작성 - 응시순서대로 진행요원의 안내에 따라 면접시험장 대기장소로 이동하여 주제발표문 20분 동안 작성 • **개별면접(30분 내외)** - 면접시험실 입실 전 진행요원에게 응시표와 신분증을 제출하고 본인임을 확인받음 - 면접시험실에 입실하면 면접위원(3인 1조)에게 인사를 하고, 면접시험평정표(3매), 주제발표문(사본 3매)을 중앙에 있는 면접위원에게 제출한 뒤 본인 좌석에 착석 　※주제발표문 원본은 본인이 소지하고 발표에 활용 - 주제발표(10분 내외) : 5분 이내 발표 후 후속 질의응답 - 영어면접(약 3분) : 자기소개서를 토대로 자기소개 및 지원동기 등을 3분 이내로 발언 - 개별면접(약 15분) : 5개 평정요소별 평가 - 면접이 종료되면 진행요원에게 주제발표문 원본을 제출하고, 응시표와 신분증, 휴대폰을 수령하여 귀가 　※장애인 구분 모집은 영어면접을 실시하지 않음
8급 9급	• **개별면접(20분 내외)** - 진행요원의 안내에 따라 면접시험장 대기장소로 이동 - 면접시험실 입실 전 진행요원에게 응시표와 신분증을 제출하고 본인임을 확인받음 - 면접시험실에 입실하면 면접위원(3인 1조)에게 인사를 하고, 면접시험평정표(3매)를 중앙에 있는 면접위원에게 제출한 뒤 본인 좌석에 착석 - 영어면접(약 3분) : 자기소개서를 토대로 자기소개 및 지원동기 등을 3분 이내로 발언 - 개별면접(약 15분) : 5개 평정요소별 평가 - 면접이 종료되면 진행요원으로부터 응시표와 신분증, 휴대폰을 수령하여 귀가 　※장애인 구분모집은 영어면접을 실시하지 않음

전라북도 유승민

안녕하세요, 유승민입니다. 일반토목 5급 공개채용시험전북에 합격하여 이렇게 수기를 쓰게 되었습니다. 이 글을 읽고 이제 막 토목공학을 전공하여 공부하기 시작한 여러분들이 5급 공개채용시험에 대해서 이해하고 관심을 가질 수 있었으면 좋겠습니다.

5급 공개채용시험은 토익 700점 이상, 한국사 능력검정시험 2급 이상이면 응시 자격이 주어지며, 시험절차는 다음과 같습니다.

- 1차 : PSAT, 직렬별 10배수 선발2월 실시, 과목별 과락40점, 전체 평락60점

- 2차 : 전공시험, 필수과목 : 응용역학, 측량학, 토질역학, 선택과목 : 구조역학8월 실시

- 3차 : 면접, 집단토론오전, 개인역량평가PT, 오후, 12월 실시

1차 시험 | 1차 시험은 PSAT라고 불리는 시험으로 언어논리, 자료해석, 상황판단 세 과목으로 구성되어 있습니다. 각 과목은 객관식 40문제로 90분의 시간이 주어지는 공직자 인적성 시험입니다. 1차 시험은 사람마다 매우 편차가 크므로 자신에게 맞는 공부방법을 찾아서 공부를 하는 것을 추천합니다. 흔히 고시생들 사이에서 말하는 PSAT형 사람이 있는데, 이런 사람들은 공부를 하지 않아도 높은 점수를 취득합니다. 하지만 일반적으로 처음 시간을 재고 문제를 풀어보면 절망적인 점수가 나옵니다. 혹시라도 첫 시험에서 점수가 나오지 않는다고 해서 실망하지 않길

바랍니다. 보통 수험생들은 1차 시험을 준비하기 위해 인터넷 강의를 수강합니다. 물론 인터넷 강의를 보는 것도 좋지만, 저는 다른 수험생들과 달리 인터넷 강의는 보지 않았습니다. 저는 강의에 집중을 잘 하지 못하는 스타일이라서 강의를 듣는 시간에 차라리 기출문제와 학원 강사 분들이 내는 모의문제를 풀고 오답정리를 하는 것이 더 효과가 크다고 생각했습니다. 문제를 닥치는 대로 풀고 오답정리를 한 결과 처음과 비교해서 점수가 많이 올랐고 특히 자료해석의 경우에는 실제 시험에서 90점 이상의 결과가 나왔습니다. 이렇듯 PSAT시험에는 공부의 정도가 없기 때문에 자신에게 맞는 공부법을 찾아서 자신만의 방법으로 공부하는 것이 가장 좋은 공부방법일 것입니다.

2차 시험 | 고시에서 가장 크게 비중을 차지하는 것은 바로 2차 시험입니다. 일반토목직렬에서 보는 2차 시험과목은 응용역학, 측량학, 토질역학의 필수 3과목과 선택과목 1과목입니다. 구조역학은 응용역학과 연관이 있어 공부의 범위가 많이 겹치기 때문에 선택과목으로 정하는 경우가 일반적입니다. 저도 역시 구조역학을 선택하여 시험을 봤습니다. 2차 시험에 대해서는 제가 드리고 싶은 말은 스터디 조직, 시험 관련 정보 수집, 꾸준히 공부하기 세 가지입니다.

기술직군 시험의 경우에도 학원이 거의 없기 때문에 정보를 얻거나 강사한테 배우면서 공부하는 것이 불가능합니다. 그렇기 때문에 마음에 맞는 사람들과 스터디를 조직하여 같이 공부계획을 세워서 공부를 하는 것이 매우 중요합니다. 각 과목별로 일 단위, 주 단위, 월 단위 공부계획을 세우고 서로 부족한 부분을 챙겨주면서 공부하면 시너지 효과가 매우 크기 때문에 고시를 생각하고 시작하려는 분이라면 스터디부터 조직하는 것을 추천합니다.

저는 모든 시험은 공부를 얼마나 많이 했는가도 중요하지만 시험에 대해서 정보를 얼마나 많이 얻어서 그에 맞춰 준비를 했는지도 매우 중요하다고 생각합니다. 특히 토목직렬 시험에서 측량학 같은 과목은 공부범위도 매우 넓고 최신기술, 최신정책에 관련된 문제들도 많이 나오기 때문에 정보에서 뒤처지면 고득점을 받기가 어려운 과목입니다. 때문에 인터넷이나 주위 고시생들과의 정보공유를 통해서 시험에 관련된 정보를 잘 수집해야 합니다.

5급채용시험에서 2차 시험은 매우 비중이 큽니다. 공부 기간 중 대부분을 2차 시험 공부를 위해 보내는데, 이 기간 동안 꾸준히 공부하는 것이 당락의 여부를 결정한다고 생각합니다. 저는 꾸준히 공부하는 것을 체크하고 관리하기 위해서 스톱워치를 사용하였습니다. 하루 목표 공부시간을 10시간으로 정하고 공부하는 시간 동안 스톱워치를 켜놓고 공부시간을 체크하면서 목표 공부시간을 달성하면 하루를 마무리하는 방식이었습니다. 이렇게 공부를 하기 위해서는 스트레스 관리도 매우 중요합니다. 저는 운동을 좋아해서 정말 공부가 안되고 스트레스가 극에 달하면 학교 농구동아리 사람들과 같이 농구를 하면서 스트레스를 풀었습니다. 농구를 한 뒤 새로운 마음으로 다시 책상에 돌아오면 공부가 잘 되곤 했습니다. 자신만의 스트레스 해소방식을 찾아서 스트레스를 잘 풀지 못한다면 긴 수험기간을 버티기 힘들 수 있습니다. 그래서 꾸준히 공부하기 위해서는 스트레스 관리가 필수적입니다.

3차 시험면접 | 3차 시험은 사전조사서 작성20분, 집단토론약 60분, 점심식사, PT 작성 30분, 개인역량평가약 40분로 진행됩니다. 면접준비가 가능한 기간은 해마다 다르나 짧게는 2주, 길게는 4주 사이입니다. 이 기간 동안 면접 학원에 등록하는 것은 본인의 선택에 따릅니다. 면접 스터디그룹을 진행하면서 일정 기간이 지나면, 지원자간 면접 역량은 어느 정도 비슷해집니다. 따라서 본인의 역량을 극대화하고 차별화를 두기 위해서는 국가에서 추진하는 국정과제나 정책, 시사 이슈 등에 대해 정리하고, 스스로의 경험을 되돌아보며 사전조사서를 꾸준히 다듬는 것이 중요합니다.

면접 준비 기간 동안 모든 것을 준비하기에는 무리가 따르므로, 2차 합격이 기대되는 경우, 2차 발표를 기다리는 동안에 봉사활동을 하고, 시사공부를 꾸준히 하는 것이 좋습니다. 이러한 면접을 준비하는 과정에서 제가 가장 중요하다고 생각하는 것은 꾸밈없이 진실된 자신의 모습을 보여주는 것입니다. 면접을 준비하다 보면 아무래도 더 멋있고 뭔가 있어보이고 싶어집니다. 하지만 저는 면접은 잘하는 모습을 보여주는 것이 아니라 진실된 나의 모습을 보여주는 것이라고 생각했습니다. 물론 이건 저의 생각이기 때문에 꼭 이렇게 해야 한다고 말할 수는 없지만 면접을 보게 된다면 지금까지의 자신의 모습을 꼭 한 번 되돌아보고 되도록 정직하고 진실되게 면접에 임하시길 바랍니다.

맺음말 | 합격통보를 받은 지 어느덧 9개월이 되어가는데 아직도 합격통보를 받고 난 후를 잊지 못합니다. 그만큼 간절히 원하고 바랬던 순간이었기 때문에 잊을 수가 없는 것 같습니다. 기술고시라는 시험에 대해서 다시 한 번 생각해보면 '고진감래'라는 사자성어가 딱 어울리는 시험인 것 같습니다. 정말 죽도록 힘든 고생 끝에 인생의 가장 큰 기쁨이 찾아오기 때문입니다. 저는 어설프지만 좌우명이 있습니다. '후회하지 말자'라는 것인데 이 좌우명을 생각하며 수험생활을 버티고 스스로를 채찍질했습니다. 수험기간 동안 열심히 하지 않고 시험에 떨어진다면 엄청 후회할 것이 분명했기 때문에 후회를 하지 않기 위해서 누구보다도 열심히 하자고 매일 인내하고 다짐했습니다. 그런 힘든 순간이 있었기 때문에 지금 기분 좋은 마음으로 합격수기를 작성하고 있는 것이 아닐까 생각합니다.

분명 5급 공채시험이 쉽게 도전하기에는 힘든 시험입니다. 그렇기에 쉽게 누구한테 고시공부 한번 해보라고 말을 하지 못합니다. 하지만 꿈이 있는 사람에게는 말할 수 있습니다. 주저하지 말고 한번 도전해보라고 말입니다. 저는 항상 제가 고시 패스의 꿈을 이루는 모습을 상상하면서 공부했는데, 합격한 모습을 상상만 해도 짜릿했습니다. 그렇기에 꿈을 이루기 위해서 더 열심히 해야겠다는 마음도 생겼고 힘든 수험기간을 버틸 수 있었습니다. 꿈이 있다면 꼭 도전하시기 바랍니다. 후회하지 않는 선택일 것입니다. 시험에 통과하면 무엇이든 할 수 있다는 자신감을 얻을 수 있고 노력하면 된다는 긍정적인 마인드를 가질 수 있습니다. 대한민국

사무관으로서 대한민국을 이끌어 갈 열망이 있고 포기하지 않고 끝까지 해보겠다는 의지와 끈기가 있는 분이라면 반드시 합격하실 것입니다. 밝은 미래가 여러분과 함께 하길 바랍니다.

취업도전기

서울특별시 심규진

안녕하십니까? 저는 2015년 서울특별시 9급 공채토목직에 최종 합격한 심규진이라고 합니다. 저의 취업과정을 간단하게 소개해 공무원이 되고자 하는 분들에게 조금이나마 도움이 될 수 있기를 바랍니다.

왜 공무원이 되었는가? | 처음부터 공무원이 되고자 건설환경공학과로 진학하고 취업 준비를 했던 것은 아닙니다. 부모님께서는 공무원이 되기를 바라셨지만 적은 월급과 쉽지 않은 준비과정 때문에 저는 공기업을 가고자 했었고 졸업 전까지 공기업 취업만을 위해 노력했었습니다. 그 즈음 2015년 서울시 공채 공고가 나왔고 1년 먼저 서울시에 들어간 대학 동기의 권유로 공무원시험 준비를 본격적으로 시작했습니다. 공기업 준비 당시 했던 지식들을 바탕으로 단기간에 합격하여 현재는 서울시 공사장들을 관리, 감독하는 업무를 맡고 있습니다.

시험만 잘 보면 공무원이 될 수 있다 | 복잡한 공기업 준비와는 달리 공무원 준비는 정말 간단합니다. 시험 준비를 잘해서 시험만 잘 보면 90%는 합격했다고 봐

도 과언이 아닙니다. 대신 시험 준비와 시험을 잘 보는 것이 다른 시험보다 중요합니다. 9급은 5과목 100문제를 100분 동안, 7급은 7과목 140문제를 140분 동안 푸는 시험입니다. 일반직에 대해서만 얘기하자면 국어, 영어, 한국사는 7, 9급 모두 공통이고 나머지 9급 2과목 7급 4과목에 대해서는 선택한 직렬과 관련된 시험을 보게 됩니다. 준비기간은 대개 9급은 1~2년, 7급은 2~3년 정도라고 생각합니다. 개인마다 차이가 있지만 제로베이스에서 준비한다고 했을 경우 이 기간 동안 고3 수험생 생활하듯이 공부해야 합격권에 다가갈 수 있습니다. 가장 궁금해하는 일반적인 공부 방법에 대해서는 기술하지 않겠습니다. 다음카페 '★9꿈사★공무원을 꿈꾸는 사람들' 등 취업 관련 사이트에 들어가시면 합격생들의 과목별 자세한 공부 방법이 매년 수십 개씩 업데이트되고 있습니다. 자신이 지원하고자 하는 직렬의 합격생들의 공부 방법을 여러 개 모아 그대로 따라 하면 충분히 합격할 수 있다고 장담합니다. 이렇게 시험 준비를 해서 시험에 통과하면 면접이 기다리고 있지만 면접 배수가 1.5배수밖에 되지 않고 지방직에 합격한 수험생들이 서울시 면접을 포기하기 때문에 최종 경쟁률이 1:1 이하로 내려가는 직렬도 있습니다. 행정직은 경쟁률이 높고 기계, 전기 직렬은 채용인원이 소수라 합격이 쉽지 않은 점도 참고하십시오.

공무원을 준비하는 분들, 꼭 합격하셔서 국민을 위해 봉사하는 멋진 공직자가 되시길 바랍니다.

공기업, 한 가지 인프라에 몰두하다

공기업은 국가 또는 지방자치단체가 소유·경영하는 기업으로 공공기관으로 분류되기 때문에 공무원과 대우가 유사하여 취업선호도가 높은 편입니다. 공무원처럼 학력제한과 연령제한이 없으나 간혹 관련 전공자로 지원을 제한하는 경우가 있습니다.

토목건설공학 전공자는 주로 한국수자원공사, 한국도로공사, 한국철도공사, 한국토지주택공사, 한국전력공사 등에 지원할 수 있는데, 공기업 채용일정은 기업의 사정에 따라 매해 달라지며 기업마다 전형도 다르기 때문에 반드시 확인해야 합니다. 대부분의 공기업에서는 서류전형, 필기전형, 인·적성검사, 면접시험의 네 가지 절차를 거칩니다.

일반 기업체에서는 면접시험이 취업에 가장 영향을 미치나 공기업 취업에서는 필기시험이 합격의 당락을 결정짓는 가장 중요한 단계인 것 같습니다. 필기시험은 전공시험, 상식시험, 논술시험으로 나누어 진행하며 공기업에 따라 전공시험만 보거나 상식시험만 보는 등 전형이 조금씩 다릅니다. 전공시험 과목은 응용역학, 철근콘크리트공학, 토질역학, 측량학, 도로공학, 시공학, 건설재료학, 상하수도, 수리수문학 등이며 공기업마다 시험과목과 과목수에서 차이가 있습니다.

면접시험의 경우 영어면접을 비중 있게 채택하는 공기업이 늘어나고 있어 그에 대한 준비가 필요합니다.

공기업 필기시험 유형 예

필기시험의 유형	채택한 공기업
전공시험	공무원연금관리공단, 농업기반공사, 한국도로공사, 한국석유공사, 주택도시보증공사, 한국수출보험공사
일반상식	한국환경자원공사(자원재생공사), 수도권매립지관리공사, 서울시농수산물공사, 부산시경륜공단, 지역난방공사
논술시험	한국남부발전, 한국서부발전 등 발전회사
논술 + 일반상식	인천국제공항공사
전공시험 + 일반상식 + 논술시험	금융감독원, 대한광업진흥공사, 대한무역투자진흥공사(KOTRA), 도로교통안전관리공단, 에너지관리공단, 한국가스안전공사, 한국중부발전, 한국방송광고공사, 국정원, 한국보훈복지의료공단, 한국수자원공사, 한국수력원자력, 한국은행, 한국전력, 한국지역난방공사, 한국해운조합, 한국남동발전, 농수산물유통공사

최근 대부분의 공기업들이 신입사원을 채용하여 청년인턴으로 5개월 이내의 인턴근무 후 평가 및 최종면접을 거쳐 정규직으로 임용하고 있습니다. 경우에 따라서는 최종 임용비율을 정하여 운영하는 경우도 있으므로 이점을 간과해서는 안 될 것입니다. 공기업마다 채용 유형과 방식의 차이가 있으므로, 특정 공기업에 관심이 있는 경우, 해

당기업의 홈페이지를 통해 세부내용을 확인할 필요가 있습니다. 여기서는 공기업인 'W'공사의 사례를 통해 공기업의 채용절차를 살펴보기로 하겠습니다.

W공사는 기획재정부의 '2014년도 공공기관 경영실적 평가'에서 상위 등급을 받은 우수한 공기업으로 매년 공채를 통해 신입사원을 모집하고 있습니다. 2015년 상반기에는 1월에 서류접수가 시작되었으며 1차 전형, 2차 전형, 3차 전형으로 나뉘어 진행되었습니다.

W공사는 공기업인 만큼 학력, 전공, 학점, 성별, 연령 및 자격증 보유 여부에 상관없이 지원이 가능하지만 공인 어학성적으로 지원자격에 제한을 두고 있습니다. 여러 공인 어학시험 중 한 가지 이상을 보유해야 합니다. 또한 관련 분야 전문 자격증을 보유하고 있거나 2년 이내에 인턴으로 채용되어 근무한 경험이 있으면 우대하고 있습니다.

W공사의 입사전형은 1차 직무능력검사 및 직무역량검사, 2차 전공 필기시험, 3차 면접으로 나뉘어 진행됩니다.

W공사의 어학자격요건 예

외국어	기준
영어	TOEIC 750점 이상, TOFLE iBT 85점 이상, TEPS 594점 이상
일본어	JPT 750점 이상, JLPT 레벨 N1, FLEX 750점 이상
중국어	HSK 5급 195점 이상 또는 6급 180점 이상, FLEX 750점 이상
스페인어, 러시아어	FLEX 750점 이상
프랑스어	DELF B2 이상, FLEX 750점 이상
독일어	Goethe-Zertifikat B2 이상, FLEX 750점 이상

1차 전형 : 직무능력검사수리·추리영역**, 직무역량검사**적부판정 | 1차 전형은 W공사에서 자체 개발한 직무능력·역량검사입니다. 직무능력검사에서는 기본적인 업무수행능력 측정을 위해 수리영역자료해석, 응용수리과 추리영역수열추리, 상황추리, 도형추리을 평가합니다. 직무역량검사는 일종의 인성검사로 답이 정해져 있는 것이 아니므로 본인이 생각하는 대로 일관성 있게 응시하면 됩니다. 시중에 판매되고 있는 인·적성검사 관련 책을 참고하면 도움이 될 것입니다.

2차 전형 : 전공필기시험 | 2차 전형은 전공필기시험으로 응시과목은 행정, 기술Ⅰ, 기술Ⅱ 분야에서 각 한 과목씩 선택하여 총 3과목에 응시

하게 됩니다. 문제는 전공에서 배웠던 것들 중 회사가 필요로 하는 내용을 주 대상으로 하며, 객관식과 주관식이 함께 출제됩니다. 계산기가 필요한 수준의 문제가 출제될 시에는 사용 여부를 사전에 미리 공지하므로 확인이 필요합니다.

W공사 전공필기시험 응시과목 예

선발단위	응시과목
행정 (네 가지 과목 중 택1)	경영전략/재무관리·회계/인사조직
	미시경제/거시경제
	민법/행정법
	정책학/재무조정/조직·인사행정
기술 I (세 가지 과목 중 택1)	수리·수문학/토목시공학
	상하수도공학
	수질분석 및 수질관리
기술 II (네 가지 과목 중 택1)	제어공학/회로이론
	전력공학/전기기기
	유체역학/기계설계
	유무선 통신/네트워크

3차 전형 : 면접 ∣ 3차 전형인 면접은 인성면접, 전공PT^{presentation}면접, 영어면접으로 나뉘어 진행됩니다. 인성면접은 이력서와 자기소개서

를 바탕으로 한 개인적인 질문과 간단한 사회 이슈 등에 대한 질문에 대답하게 되는데, 질문에 대해 외웠던 것을 대답하는 것보다 평소 생각대로 솔직하게 답변하는 것이 좋습니다. 전공PT면접은 지원자들이 가장 어려워하는 부분으로 전공에 관련된 3가지 질문 중 하나를 선택하여 발표를 하는 것입니다. 전공에 관련된 기본적인 소양에 대한 내용이므로 평소 공부를 충실히 하여 미리 준비해야 합니다.

마지막 영어면접은 외국인과 1:1로 진행하며 간단한 질문에 대해 영어로 답변하면 되며 질문 수준은 크게 어렵지 않고 표현력, 이해력, 듣기능력으로 나누어 평가합니다.

Tip!

채용방식이 공기업마다 차이가 있으니, 해당 공기업의 홈페이지를 통해 보다 구체적인 정보를 얻을 수 있습니다.

K-water(한국수자원공사) 신영아

안녕하세요? 2015년 K-water에 입사하여 물정보기술원의 수자원정보센터 빅데이터분석팀에서 근무하는 신영아입니다. 사회인으로서 갓 걸음마를 시작한 저이지만, 취업준비에 있어서만큼은 선경험자로서 여러분들의 취업준비에 단 1%라도 도움이 되길 바라는 마음으로 몇 가지 중요한 사항을 정리해보았습니다.

난 너로 정했어! | 취업준비에서 가장 중요한 것은 인생 전반에 걸친 방향설정과 그에 따른 구체적인 목표설정이라고 생각합니다. 저에게는 '100세 시대'라는 긴 인생에서 전문성을 키워나가며 상대적으로 안정적인 사회생활을 하고 싶다는 큰 방향이 있었습니다. 또한 수자원분야 석사학위를 갖고 있었기에 K-water 입사라는 좀 더 구체적인 목표를 설정할 수 있었습니다. '어디든 상관없이 들어가고 보자'라는 방대한 준비는 계속되는 실패에 자칫 허탈감과 찌듦만 안겨줄지도 모르고, 운 좋게 입사하더라도 다시는 겪기 싫은 취업전쟁을 한 번 더 치르게 할지도 모릅니다. 따라서 목표 설정 후에는 적어도 비슷한 준비과정이 필요한 그룹 또는 비슷한 업무를 하는 그룹으로 묶어서 준비하셔야 합니다. 수리수문학을 공부했다면 농어촌공사, 수자원공사 등을 같이 염두에 두고 준비하는 것처럼 말입니다.

스마트폰 하나로도 충분해 | 공부에 왕도는 없지만 입사시험에 있어서만큼은 약간의 기술이 필요한 것 같습니다. 입사하고자 하는 회사 그룹을 정했다면 그 회

사 그룹에 대한 정보를 얻기 위해 스마트폰을 적극 활용하세요. 주소록을 뒤져 최근 1~2년 내에 입사한 선배, 동기 혹은 후배가 있다면 무조건 연락하세요. 그 분들에게 회사의 주요 이슈, 추진 중인 사업, 업무 분위기, 급여, 복지 등 회사에 대한 전반적인 정보를 얻으시길 바랍니다. 면접 때 큰 도움이 될 수 있습니다. 또한 이분들에게 입사시험 공부 방법에 대해서도 아주 상세하게 물어보시길 바랍니다. 선배들에게 연락하기까지 용기가 필요했을텐데 연락이 되면 얻을 수 있는 정보는 모두 얻어야지요.

주소록을 아무리 뒤져도 연락할만한 번호가 없다면 인터넷 창을 열어 검색해보십시오. 카페, 블로그 등 수많은 사이트를 통해 나와 같은 상황의 취업준비생들을 만나 정보를 교류할 수 있습니다. 저 같은 경우도 먼저 입사한 친구에게 용기 내어 연락해서 수많은 정보를 얻었고, 블로그, 카페 등을 적극 활용하여 저의 취약점이었던 인·적성 시험을 극복할 수 있었습니다.

유해진 씨처럼, 아니 그보다 더? | "아무것도 안 하고 싶다. 이미 아무것도 안 하고 있지만 더 격렬하게 아무 것도 안 하고 싶다." 배우 유해진 씨의 멍한 표정이 떠오르시나요? 요즘 젊은이들에게 묘한 공감과 웃음을 주는 이 광고를 적어도 한 번은 본적이 있을 것이라고 생각합니다. 제가 마지막으로 말하고자 하는 것, 바로 적절한 휴식입니다. 토익, 각종 자격증, 자기소개서, 인·적성, 전공, 면접 및 논술에 상식까지… 취업을 위한 일련의 공부 및 준비를 위해 아침 일찍부터 밤늦게까지 열정

을 쏟으셨다면 일주일에 하루 정도는 취업준비에서 벗어나 아무것도 안 하고 있지만 더 격렬하게 아무것도 안 하는 정신적 휴식시간을 가지면 좋겠습니다. 목표에 도달하기도 전에 시동이 꺼지면 안 되잖아요.^^

취업준비에 지금도 고생하고 있는 미래 토목건설인들, 이공계 청소년 여러분들! 시간차이일 뿐 모두 결승점에 도착합니다. 남들보다 조금 늦으면 어떻습니까. 지금 힘든 시기에 있다면 분명히 그 시간이 인생에 밑거름이 될 것이라는 믿음과 긍정적인 마음을 잊지 않으셨으면 좋겠습니다.

> 취업도전기

한국도로공사 이용범

먼저 취업의 관문을 통과해서 후배들을 위해 이런 글을 쓸 수 있도록 도움을 주신 모든 분들께 감사의 말씀을 전해드립니다. 이 수기가 취업과 미래를 준비하는 분들께 조금이나마 도움이 되길 바라겠습니다.

대학생활은 관심분야를 정하는 때 | 한국도로공사에 취업하게 된 가장 큰 동기는 도로분야에 대한 관심입니다. 침체된 건설경기 속에서 취업에 성공하기 위해선 열정이 가장 중요할 것이라 생각하였기에 대학생활 동안 관심분야를 찾기 위해 많은 노력을 기울였습니다. 다양한 전공과목을 수강하며 기본지식을 쌓았고 방학기간엔 철도, 국도 현장에서 실습인턴생활을 하며 실무를 간접 경험하였으며, 교내

외 행사에 참여하며 취업상담을 받았습니다. 그러던 중 토목공학의 다양한 분야를 활용하는 도로건설에 관심을 갖게 되었고 현장감독, 설계검토, 연구지원, 해외사업 등 다양한 직무를 경험할 수 있는 한국도로공사에 도전해야겠다는 결론을 내리게 되었습니다.

취업준비 ㅣ 한국도로공사 채용은 서류전형, 필기전형, 면접전형으로 이루어집니다. 그중 가장 큰 비중을 차지하고 있는 전형은 필기전형으로서 총 7과목응용역학, 철근콘크리트공학, 토질역학, 측량학, 도로공학, 시공학, 건설재료학으로 구성되어 있습니다. 필기시험은 크게 토목기사, 건설재료시험기사, 도로공학으로 나누어 준비할 수 있는데 관련 자격증을 취득 후 기출문제를 빠짐없이 반복 숙달하는 것을 기본으로 다양한 문제집과 전공 자료를 공부하였습니다. 노력에 대한 결실로 2014년 3월 17일 마침내 한국도로공사에 입사할 수 있었습니다.

'선택과 집중'으로 한국도로공사에 입사할 수 있었다고 생각합니다. 관심분야를 발굴하여 흔들리지 않고 묵묵히 노력한다면 어떤 일이든 이뤄낼 수 있으리라 생각합니다.

취업도전기

한국중부발전 임성민

토목공학도 피카츄가 되다 ㅣ "형님! 취업 엄청 어렵다던데 어떻게 취업하셨어요?", "얀마! 뜨는 대로 다 써! 붙는 대로 가는 거야!" 세상물정 모르는 스물일곱 살의 저는 그렇게 취업준비에 들어섰습니다. 하지만 우리나라에 기업이 한두 개인가? '선택과 집중'을 해야 했고, 그렇게 선택한 곳은 공기업이었습니다. 입사 및 진급이 필기시험을 거쳐 진행된다는 점이 사기업과는 달랐습니다. 무턱대고 취업전선에 뛰어들었지만 나의 가치관과 비전을 마음껏 펼칠 수 있는 곳이라는 확신이 들었습니다.

공기업의 인사채용방법은 인적성시험-전공필기시험-면접의 형태를 이루어지는데, 앞서 말했듯 시험성적에 성패가 달려있었으므로 시중에 나와 있는 인적성 문제집을 닥치는 대로 풀기 시작했습니다. 반복되는 문제들은 최대한 시간을 줄이면서 정답률을 높이는 데 집중했고, 전공은 기사필기시험 문제집을 외울 정도로 반복하였습니다. 그리고 그 해 상반기, 거의 제일 먼저 채용공고가 났던 '한국중부발전'에 합격하였습니다.

한국중부발전은 한국전력에서 분사된 총 6개 발전회사 중 하나로 화력발전으로 전기를 생산합니다. 그중 토목, 건축직군은 신규 발전소 건설 및 기존 발전소 유지보수를 주로 합니다. 저는 100만 kw급 발전소를 2개 세우고 있는 건설현장인 신보령화력건설본부로 발령받았습니다. 연료하역부두공사 감독을 거쳐 현재는 안전품질팀에서 현장 안전관리업무를 수행 중에 있습니다. 발주처 공사감독은 시공의 공정, 품질, 안전을 총괄하여 관리하면서 넓은 시야를 키우며 의사결정권을 가진다는 점에서 장점이 있습니다. 이는 토목공학도에게 아주 좋은 성장 밑거름이기도 하지만 그만큼 큰 책임감도 따릅니다.

현재 우리회사는 지속적으로 해외사업과 신성장 에너지개발사업을 추진 중에 있습니다. 우리 회사의 해외사업은 회사의 사명뿐만 아니라 대한민국 전력기술 수준을 보여주는 일이기에, 오직 준비된 자만이 참여할 수 있습니다. 저는 우리 회사의 전력기술을 해외에 전파하고, 해외 각국과 신성장동력 동반 개발에 함께 하는 이 사업에 주축이 될 수 있는 인재가 되는 것이 꿈입니다. 회사의 여러 직무를 경험하고 끊임없이 공부한다면 한국중부발전에 운명처럼 입사했듯이, 언젠가 나에게도 그 기회가 오지 않을까 생각하고 있습니다.

회사의 사명을 걸고, 더 나아가 대한민국의 이름을 걸고 진행하는 사업에서 그 소명을 다하는 데 일조하는 그 날을 고대해봅니다.

국책연구기관

연구기관의 채용은 대부분 서류전형과 면접으로 이루어지고 있습니다. 채용기관 나름대로 응시자의 활동성과예. 논문발표. 학위 등를 계량화하는 지표를 운영하고 있습니다. 몇몇 국책연구원 취업사례를 통해 준비과정을 살펴봅니다.

취업도전기

한국건설기술연구원 이호재

배우고 도전하는 마음으로 취업을 준비하라 ｜ 한국건설기술연구원에 2013년 입사한 이호재입니다. 실제는 2010년에 입사하여 3년간 계약직 연구원으로 근무한 바 있습니다. 그래서 비정규직, 계약직으로 3년간 근무한 경험과 정규직이 되기 위해 준비했던 과정들을, 부족한 경험이지만 연구직 취업을 준비하시는 분들에게 도움이 되길 바라는 마음으로 몇 자 적어보겠습니다.

제 취업준비의 키워드는 '표현, 독서, 인내'라고 할 수 있습니다. 우선 저는 제 자신이 매우 평범하다고 생각했기에 면접 때 제 자신을 표현하기 위한 여러 가지 방법들을 고민했습니다. 그중 제 장점이라고 생각하지만 표현할 방법이 없던 '묵묵히 노력하는 성격'을 학점 및 성적들로 수치화해서 그래프로 표현한 것은 제 강점을 면접관분들께 잘 부각시킬 수 있었던 좋은 사례였습니다.

취업을 준비하면서 노력했던 점 중에 하나는 '독서'였습니다. 여러 종류의 책을 읽었지만 특히 도움이 됐던 것은 제 연구분야와 관련된 전공서적들과 자기계발서였습니다. 면접 시 연구분야와 관련해 깊이 있는 질문을 받았던 경우에도 전공분야 책에 근거하여 연구결과의 연관성을 설명할 수 있었으며, 한자성어의 현대적 해석에 대한 질문과 같은 인문학적 소양에 대한 질문도 읽었던 자기계발서를 예로 들어 설명을 했기에 좋은 결과가 있었다고 생각합니다.

마지막으로 말씀드릴 내용은 '인내'입니다. 저 또한 탈락의 고배를 마시고 재차 도전한 끝에 합격할 수 있었습니다. 기다리는 과정의 어려움도 잘 알고 있습니다. 하지만 준비하며 도전하고, 떨어지더라도 기다리며 준비할 줄 알아야 한다고 생각합니다. 제가 마지막에 좋은 결과를 얻은 것은 제가 입사하고자 하는 곳에서 어떤 사람을 원하는지, 어떤 능력을 원하는지, 어떻게 전형이 진행되는지를 파악한 뒤 인내를 갖고 도전한 덕분이라고 생각합니다.

제 꿈은 건설분야의 혁신적인 연구자가 되는 것입니다. 혁신이라는 새로운 바람을 일으키기 위해서는 아직도 더 배워야 한다는 것을 알고 있습니다. 입사 후 2년이라는 시간을 연구하고 배웠지만, 아직도 배움의 길은 끝이 없고 새로운 연구를 시도해야 된다는 것을 알고 있습니다. 취업을 준비하시는 많은 분들도 계속 배우고 도전하신다면 언젠가 원하는 꿈을 이루리라 생각합니다. 함께 꿈을 이룰 수 있기를 기대합니다!

국립재난안전연구원 **이경수**

목적과 희망, 삶을 즐기는 과정 | 저는 토목기술자가 되는 것을 꿈으로 고등학교를 특성화고 토목과에 진학하여 다양한 현장실습 및 경험을 하였습니다. 광역상수도, 도로확포장공사, 고속도로 현장에서 근무를 하였으나 보다 전문적이고 깊은 지식에 대한 부족함을 항상 느꼈습니다. 그래서 야간대학에 진학해 전문지식과 토목기술자로서의 소양을 갖출 수 있도록 노력하였으며, 학과 교수님의 강의를 듣고 홍수 및 가뭄 등 재해에 대하여 관심을 갖게 되었습니다. 그리고 교수님의 조언에 따라 미래의 비전과 구체적 목표 설정을 위하여 4학년 말 연구실에 발을 내디뎠습니다. 석사과정 동안 교수님의 지도로 학회 참여와 대외적인 연구 활동 등으로 다양한 경험을 쌓고 이를 즐겼습니다. 특히, 하천조사 분석, 수치모형과 실내실험을 이용한 하천의 지형적, 물리적 특성을 파악하고 하천복원 및 적응관리 계획, 운영 등에 기여하며 지식과 견문을 넓힐 수 있었습니다.

이러한 과정을 거쳐 (재)국제도시물정보과학연구원에 취업하였지만, 학문적 한계와 현실의 벽으로 슬럼프를 겪게 되었습니다. 그러나 이에 기죽지 않고 박사과정에 입학해 연구자로서의 길을 확고히 하였으며, 수자원분야는 물론이고 환경, 방재분야 등 다수의 정부 수탁과제에 주도적으로 참여하였습니다. 또한 국내·외 학술지 논문투고와 학술발표 및 심포지엄에서 우수한 성과를 거두어 학술적 능력을 인정 받았으며, 한국환경영향평가학회 임원으로 활동할 수 있었습니다.

주어진 역할과 포부 ┃ 현재 저는 국립재난안전연구원 재난원인조사실에서 근무하고 있습니다. 저희 부서는 상시인력 15명으로 재난원인분석, 현장조사, 과학적 기법에 의한 위험요인 분석, 근원적 문제해결과 재발방지를 위한 정책제언 및 사후평가 실시 등의 기능을 수행하고 '정부합동 재난원인조사단' 업무를 지원하고 있습니다. 여기서 저는 재난의 종합적인 인과관계, 영향 등의 종합적인 분석을 통해 재난 발생의 근본적인 원인을 규명하고 재발방지 대책을 제시하는 명실상부한 전문조직의 핵심 인력이 되고자 노력하고 있습니다. 또한 저의 노력과 성과가 사회에 공헌이 될 수 있도록 앞으로도 노력을 게을리하지 않을 것입니다.

열정과 인내, 목표에 대한 몰입 ┃ 저는 연구능력을 강하게 어필하기 위하여 논문작성과 연구과제 수행에 많은 투자와 집중을 해왔습니다. 이러한 과정에서 희망과 가능성의 메시지로 응원해주시는 멘토 분들과의 소통, 실천적인 목표 설정에 힘썼습니다. 저는 高스펙보다도 다양한 경험과 단체 활동을 통해 사회성과 인적 네트워크를 잘 구축하여 신뢰를 쌓고, 실전력과 자기역량을 갖추는 것이 가장 중요하다고 생각합니다. '2보 전진을 위한 1보 후퇴'라는 각오와 용기로 선택에 가혹하고 결정에 침착하여 열정과 인내로 도전 한다면 긍정적인 효과를 볼 수 있을 것이라 믿습니다. 이 글을 읽어주신 토목공학도 여러분들께 조금이라도 도움이 되었기를 바랍니다.

민간부문 채용 및 취업 도전기

일반적으로 토목건설 관련 민간기업은 크게 설계용역사^{엔지니어링사}와 건설사^{시공사}로 분류되며, 토목공학을 전공한 학생들은 공채 및 특채, 상시모집을 통해 민간기업에 취업을 할 수 있습니다.

민간회사의 경우도 채용방식은 회사마다 약간씩 차이가 있지만 통상 직무능력과 어학능력을 평가합니다. 설계회사와 건설사의 채용방식은 많이 다르고, 같은 업종의 회사라도 채용형식의 차이가 있으므로 특정회사의 취업에 관심이 있다면 해당 회사의 웹사이트를 검색하여 구체적인 정보를 확인할 것을 추천합니다.

설계용역사

설계용역사의 업무조직은 토목공학의 세부 전공별로 구분되어 있는 경우가 많으므로, 학부 출신보다는 이미 전공영역에 대한 기본소양을 갖춘 석사 이상의 지원자를 선호하는 경우가 많습니다. 전공영역이 특화된 석사출신이 업무 이해도나 활용도가 높기 때문입니다. 규모 있는 회사들은 공고를 통해 공개채용을 하지만 중소규모 회사의 경우 추천과 인터뷰를 통해 뽑는 경우가 많습니다. D엔지니어링사의 예를 통해 설계용역사 채용정보를 살펴보겠습니다.

D사는 토목엔지니어링 회사로 건설워커 선정 엔지니어링/감리/CM 분야 상위에 링크된 기업입니다. 공채 지원 자격은 모집분야 관련 학과의 정규 4년제 대학 또는 대학원 졸업 및 졸업예정자이며, 어학시험 성적 제한은 없으나 최근 해외건설시장에 주력하고 있는 만큼 공인영어성적TOEIC, TOEFL, TEPS을 보유하고 있거나 영어회화 능통자이면 유리합니다. 또한 관련 국가자격증 소지자와 해외학위 취득자를 우대한다고 명시하고 있습니다.

입사전형은 서류전형과 면접전형으로 나뉘어 진행됩니다. 서류전형에서는 입사지원서를 작성하여 제출해야 하며, 설계, 감리 및 시공업무에 대한 자격증 또는 경력사항을 중심으로 작성하는 것이 좋습니다. 면접전형에서는 주로 전공 관련 및 입사지원서를 기초로 한 질문을 받게 됩니다. 최근 외국어 능력을 강조하지만 영어면접을 따로 진행하지 않습니다. 하지만 자기소개 등의 간단한 질문에 영어로 대답하게 하는 경우가 있으므로 이에 대비해야 합니다.

D엔지니어링 공채 모집 공고 예

구분	분야	해당 학과	자격요건	모집인원
설계	상하수도	토목공학 관련 학과	- 모집분야별 정규 4년제 대학 혹은 대학원 졸업 및 2015년 2월 졸업 예정자 - 공인영어성적(TOEIC, TOFEL, TEPS만 인정) 보유자 및 영어회화 능력자 우대 - 해당 학과 관련 자격증 소지자 우대 (토목기사, 도시계획기사 등) - 국가보훈대상자는 관련법에 의거 우대 - 해외학위 취득자(학사, 석사, 박사) 우대 - 남자의 경우, 병역필 또는 면제자로 해외여행에 결격 사유가 없는 자	00명
		환경공학 관련 학과		
	도시단지	도시계획 관련 학과		
		토목공학 관련 학과		
	조경레저	조경학 관련 학과		
	철도	토목공학 관련 학과		
		기계공학 관련 학과		
	수자원	토목공학 관련 학과		
	도로	토목공학 관련 학과		
	환경	환경공학 관련 학과		
	항만	토목공학 관련 학과		
	구조	토목구조 관련 학과		
	플랜트	토목공학 관련 학과		
		기계공학 관련 학과		
		전기공학 관련 학과		
	기전	기계공학 관련 학과		
		전기공학 관련 학과		
관리	해외	영어전공 관련 학과		
		불어전공 관련 학과		
	경영지원	인문/상경 관련 학과		
전산	정보기술	컴퓨터공학 관련 학과		

이산 신원준

2015년 이산 수자원부에 입사한 신원준입니다. 우선 이 자리를 통하여 취업하기 까지 지식뿐만 아니라 인성까지 많은 가르침을 주신 분들께 감사의 말씀을 드립니다. 또한 지면으로나마 토목건설공학에 계신 많은 선후배님들과의 만남의 자리를 만들어주신 대한토목학회에도 감사의 인사를 드립니다.

취업준비 ┃ 구직활동을 하면서 쉽게 범하는 실수는 '나에 대한 이해 부족'이라고 생각합니다. 구직활동을 위해 객관적인 스펙에는 많은 시간과 노력을 할애하지만, 자신에 대한 충분한 고민을 하지 않고 있습니다. 취업을 준비하면서 가시적인 스펙 쌓기에만 기대어 구직활동을 한다면 실제 면접장에서 자신의 매력을 충분히 전달할 수 없습니다. 면접장에서는 전공에 관련한 질문이 나올 수도 있고, 사소한 일상적인 질문을 받게 될 수도 있습니다. 전공면접에서는 철저한 준비와 연습으로 좋은 점수를 받을 수 있겠지만, 인성에 관련한 질문에 기계적으로 외운 답변을 한다면, 수많은 면접을 접하는 면접관에게 매력있는 지원자가 될 수 없다고 생각합니다. 제 경우에는 학부 때부터 설계 관련한 수업에 많은 매력을 느꼈습니다. '나'의 목표 달성보다 '우리'의 목표를 성취했을 때의 기쁨이 더 크게 와 닿았습니다. 자연스럽게 토목설계에 대한 흥미를 느끼면서, 수자원분야에 많은 관심을 갖게 되었습니다. 자신에 대한 올바른 이해가 확립되면, 자신이 하고 싶은 일이 명확해지므로,

이는 취업의 성공을 위한 강력한 원동력이 됩니다.

종합엔지니어링 | 종합엔지니어링 회사에 취업하게 된다면, 기본 사무적인 업무와 기술적인 업무를 병행하게 됩니다. 엔지니어는 이론적인 토목공학에 대한 전문지식을 바탕으로 현장에서 실현 가능한 기술을 구현할 수 있어야 합니다. 엔지니어로 업무를 하시게 되면, 기본적인 오피스 프로그램과 더불어 GIS 프로그램, 전공 프로그램들을 다루게 됩니다. 물론, 전공 프로그램은 일상적으로 접하기가 쉽지 않으므로 입사하고 나서도 충분히 배울 수 있습니다.

현업의 선배에게 들었던 중요한 덕목 중 '빠른 업무 처리 능력', '원활한 조직생활' 보다 강조되었던 자질은 '지구력'입니다. '지구력'이 강조되는 이유는 잦은 야근과 밤샘 근무를 하게 되고, 이로 인해 업무나 회사생활에 대한 염증을 느끼기 쉽기 때문입니다. 그러므로 설계사에 취직을 생각하시는 구직자분들에게는 다른 어떤 직무보다도 적성에 대한 고민을 충분히 해보아야 합니다.

갈무리를 하면서 | 토목건설공학의 길을 걸어 나가길 원하는 후배님들에게 취업을 위해 문을 두드리는 과정이 어느 때보다도 힘든 과정이라는 것을 잘 알고 있습니다. 저 또한 그 시기에 고통스러운 하루하루를 견디면서 보낸 것 같습니다. 당부드리고 싶은 말은 '할 수 있을까'라는 조급함은 미뤄두시고, '반드시 해낼 수 있다'는 자신을 갖기를 바랍니다. '할 수 있다'는 변함없는 확신을 가지시고, 진솔한 태도로 진짜 자신에 대해 보여주시길 바랍니다.

도화엔지니어링 이정국

완성을 꿈꾸는 미생 이야기 | 안녕하세요? 2015년 도화엔지니어링 공채 신입사원으로 입사한 이정국입니다. 제가 한참 취업준비를 할 때 '미생'이란 드라마가 인기였습니다. 미생이란 '살아있지 않은 상태이지만, 완성 할 여지를 남기고 있는 돌'이란 바둑의 전문용어로서, 주인공 장그래 씨가 취준생취업준비생이었다가 계약직으로 취업이 되어 사회초년생으로 회사생활을 시작하여 차차 미생에서 완성으로 거듭나는 과정을 그린 드라마로, 사회초년생에게는 회사생활의 지침서가 될 만한 드라마라고 생각됩니다. 저 또한 역시 완성을 꿈꾸며 하루하루를 살아가는 수많은 미생들 중의 한사람이라 생각됩니다. 먼저, 저의 미생이야기 시작에 앞서 많이 부족하지만 저의 경험담이 미래 진로를 고민하고 있는 이공계 청소년들과 미래 토목건설인들이 진로 선택을 하는 데 조금이나마 도움이 되길 진심으로 바랍니다.

취업준비과정 : '수승화강' | '수승화강'이란 머리는 차갑게 마음은 뜨겁게라는 뜻으로 취업준비생이 갖추어야 할 마음가짐과 자세라고 생각됩니다. 취업준비기간은 어느 시기보다도 더욱 더 이성적으로 냉철한 판단력과 함께 마음에는 뜨거운 열정과 비전을 갖고 취업준비에 임해야 된다는 것을 느꼈습니다. 취업은 인생에 있어 끝이 아닌 새로운 시작의 관문이기 때문입니다. 남들이 취업했다고 해서 혼자 조바심을 갖고 단지 취업을 위해서 또는 빨리 돈을 벌기 위해서 취업을 한다면

지금 당장에는 마음이 편할지 모르지만, 장기간으로 볼 땐 매일 아침 출근길이 지옥길처럼 느껴지며 결국 어렵게 들어간 회사에 만족을 못 느끼고 결국 다시 취업준비를 해야 되는 사례가 많기 때문입니다.

요즘같이 '빨리빨리', LTE GIGA와 같이 시간과 속도가 경쟁력인 시대에 저도 뒤돌아보면 남들보다 조금씩 늦었습니다. 군대도 27살에 늦게 입대하여 3년 동안 해군장교로 군복무를 하였으며, 대학원 석사과정을 33살에 마쳐서 취업준비 또한 남들보다 늦었습니다. 주변에서 다양한 조언들을 해주었지만, 어디까지나 참고로 삼았으며 시작이 반이란 말처럼 저 또한 신념을 갖고 취업준비를 하였습니다. 제가 취업준비를 하던 때는 울산에서 두 아이의 아빠로서 대학원을 다니며 석사논문을 쓰던 중이었습니다. 석사논문을 쓰면서 취준생들과 같이 틈틈이 구직사이트를 보고, 이력서와 자기소개서를 쓰고 인터넷 강의와 책을 통해 직무적성검사를 공부하고 온/오프라인을 통해 취업정보를 공유하였습니다.

취업준비를 하면서 배운 점은 '자기소개서는 자기만의 스토리'가 담겨져 있어야 된다는 점입니다. 또한 내용을 그냥 나열하는 것이 아니라 '육하원칙[5W1H]'과 입사를 희망하는 '회사와 직무에 적합한 기준'에 맞게 자기만의 스토리를 구성해서 풀어나가야 된다는 것입니다. 즉, 자기가 인사담당자 또는 사장님이란 마인드를 갖고, '어떤 사람을 채용하면 우리 회사에 유익할까?'라는 관점에서 고민해본다면 자소서의 질이 향상될 것이라 믿어 의심치 않습니다.

정보는 다다익선이라고 생각합니다. 특히, 취업정보는 시기가 정해져 있기 때문에 정보는 많을수록 좋으며, 다양한 경로를 통해 회사 관련 및 구직 정보를 확보하고, 취득한 수많은 정보를 개인의 필요에 맞게 활용할 수 있는 능력 또한 매우 중요하다는 것을 느꼈습니다.

회사 또한 사람이 만든 조직체이기 때문에 사람을 파악하듯, 조직의 성격과 특성을 파악하고, 한 단계 더 나아가 직무에 맞는 자기만의 경험담 등에 초점을 맞추어 구성을 한다면 미생에서 완생으로 거듭나기 위한 걸음을 내딛는 과정이라 생각합니다. 저 또한 수많은 회사를 지원하고 필기와 면접을 통하여 저만의 스토리를 다듬며 반복학습을 통해 마침내 취업이란 문을 통과할 수 있었습니다. 노력은 거짓말을 하지 않는다고 생각합니다. 하지만 헛된 노력은 나침반이 없이 항해하는 배와 같다고 생각합니다. 따라서 꿈과 비전, 열정을 품고 이성적인 판단력을 가지면 꼭 취업에 성공할 수 있다고 자신 있게 말씀드립니다.

현재하고 있는 직무 : 해외도시계획가 | 현재 저는 도화엔지니어링 도시부문에서 해외도시개발부에서 근무하고 있습니다. 현재 맡고 있는 직무는 부서 명칭대로 해외 도시를 개발하는 업무입니다. 세계는 지금 한국전쟁 이후 아시아에서 빨리 성장한 나라 중 하나인 대한민국에 굉장한 감탄과 호기심을 함께 보내고 있습니다. 건설분야도 한국은 80~90년대에는 어려운 경제사정 속에 한국인이 중동지역에서 외국인들의 지휘 아래 외화벌이를 위해 일을 하였지만, 지금은 한국이 중

동지역에서 거꾸로 외국인 근로자들에게 교육을 시키고 일을 가르치며 감독하고 있습니다. 도시계획분야 또한 이전에는 선진국을 많이 따라 하였지만 지금은 그동안 쌓은 지식과 기술을 바탕으로 우리나라 고유의 한류도시문화를 수출하는 단계까지 와 있는 수준입니다. 따라서 예전처럼 단순하고 건물만 건축하는 것에서 더 나아가 많은 사람들에게 안전하고 풍요로운 삶을 제공하기 위해 도시란 공간 속에 융·복합적으로 문화와 예술, 교육시설과 편리한 교통시설, 여가생활 공간을 유기적으로 구성하여 생기를 불어넣어 활력 있고, 건강한 사회를 건설해 나아가는 데 기여한다는 것에 자부심과 보람을 느끼고 있습니다.

중동뿐만 아니라 아프리카, 아시아, 남아메리카 등 전 세계를 무대로 한류형 도시공간을 설계하고 그 속에 도시문화를 건설해 나가는 데 앞장서는 일을 하고 있습니다. 현재 부서에서 콜롬비아와 베트남, 미얀마, 나이지리아, 몽골 등 다양한 나라에서 도시분야 관련 프로젝트에 참여하며 대한민국의 한 사람으로서 저 스스로 큰 자부심과 보람을 느끼고 있습니다.

미래포부 : 꿈과 열정을 품은 대한민국 해외도시계획가 대표 ｜ 현재 맡고 있는 업무를 토대로 개인역량을 더욱 강화하기 위하여 전문자격증 취득 및 언어능력 등 업무에 필요한 기술능력을 지속적으로 향상시킬 예정이며, 다양한 프로젝트 수행을 통하여 도시계획분야 관련 이론뿐만 아니라 현장경험을 통해 전문기술과 노하우를 습득하여 한국과 세계를 대표하는 도시계획가가 되고자 하는 꿈과 열정을 갖

고 있습니다. 또한 언젠가는 한국과 북한은 통일이 될 것이라 확신합니다. 통일이

된다면 대한민국 전 국토의 도시공간을 융·복합적으로 구현하여 균형적이며 누구

나 살고 싶어 하는 도시창조에 앞서도록 하겠습니다.

취업도전기

동부엔지니어링 권용찬

안녕하십니까? 저는 2014년 하반기 동부엔지니어링 수자원환경부에 입사한 권

용찬입니다. 토목인으로서 취업을 준비하고 꿈꾸는 분들에게 조금은 일반적이지

않은 저의 경험이 작게나마 도움이 되기를 바라며 몇 자 적어보려 합니다.

자신의 전문성과 적성에 맞는 일을 할 것 | 토목기술자로서 가질 수 있는 직업군

은 일부 대기업을 포함한 시공사와 설계사, 공무원과 공기업, 연구직, 수요가 적긴

하지만 국제기구나 변리사 등이 있습니다. 종류는 적으나 각각의 직업군의 특성이

매우 다르고, 하는 일도 다양하기에 취업을 준비하는 분들에게 먼저 각 직업의 성

격과 특징을 알아보라고 말씀드리고 싶습니다. 어떤 직업군이 내 전문성을 살릴

수 있을지, 업무여건이 자신과 잘 맞을지 등을 말이죠.

소중한 경험을 통해 알게 된 '나의' 직업 | 저는 수자원전문가라는 목표를 가지

고 석사학위를 취득하였습니다. 하지만 침체된 건설경기로 저의 전문성을 살릴 수

있는 직업군들의 채용비율이 점점 줄어들고, 그나마 합격한 몇몇 기업에서의 면접

실패로 자신감마저 잃었습니다. 결국 저 자신에게 등 떠밀리듯 입사를 선택한 시공사에서 보낸 1년은 아쉬움의 연속이었습니다. '현장'으로 대표되는 곳에서 수자원분야와는 전혀 무관한 업무를 처리하며 매순간 회의감을 느꼈습니다. 결국 주변의 많은 반대를 무릅쓰고 퇴사를 결정하였고, 6개월의 공백 이후 설계사인 동부엔지니어링에 입사를 하게 되었습니다.

수자원환경부에서 해외사업팀원으로 근무하는 현재의 업무는 만족도가 매우 높은 편입니다. 제가 하고 싶었던 일, 제가 가장 자신 있는 일을 하고 있기 때문일 것입니다. 팀원으로서 주어지는 일의 대부분이 전공과 유관한 일들이며, 그 외의 일들도 최대한 목적의식을 가지고 하려고 항상 노력합니다.

이처럼 자신이 목표한, 또는 자신의 적성에 적합한 일을 찾는 것이 항상 먼저라고 말씀드리고 싶습니다. 고려할 수 있는 많은 조건들을 가지고 다양한 비교를 통해 먼저 직업을 선택한 후, 그 목표를 성취하기 위해 필요한 스펙을 쌓아나감이 중요할 것입니다. 모두 원하는 직장에서 가장 자신 있는 일을 하시길 진심으로 응원합니다.

건설사 ^{시공사}

대형 종합건설사의 공채는 일반적으로 상반기^{1~6월}, 하반기^{7~12월}로 나뉘어 시행됩니다^{회사의 사정에 따라 매해 일정과 채용인원이 달라질 수 있습니다.} 기업의 채용전형은 주로 서류전형^{이력서. 자기소개서,} 인·적성시험, 면접으로 나뉘는데, 대기업이 아닌 중소기업에서는 인·적성시험을 시행하지 않으며, 보통 기업 취업 시에는 인·적성시험보다 면접전형이 더 큰 비중을 갖습니다.

최근 해외로 진출하는 우리나라 기업체가 증가함에 따라 지원자의 외국어 능력을 중요하게 생각하는 경향이 강해지고 있는 추세입니다. 기존에 대형 건설사는 토익점수를 채용의 중요한 조건으로 보았으나 최근에는 토익점수의 요건을 완화하고 영어면접을 실시하거나 면접 시 면접관이 중간에 영어로 질문을 하고 자기소개, 지원동기 등을 영어로 말하게 하는 등 실용회화능력이 뛰어난 인재를 선발하는데 집중하고 있습니다. 더불어 중국의 경제부상으로 한자능력이 주목받고 있으며 한자능력 우수자에게 가산점을 주거나 자체적으로 한자시험을 진행하는 회사도 있습니다. H사의 예를 통해 건설사의 채용정보를 살펴보겠습니다.

H사는 건설워커 선정 시공능력순위 상위기업으로 매년 인턴, 경

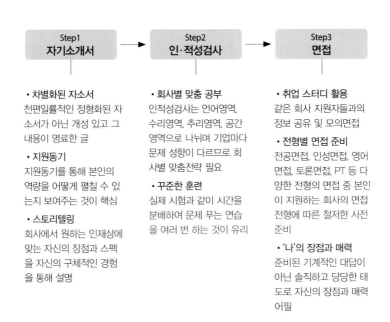

기업체의 채용전형단계별 취업전략 예

력직, 신입사원을 모집하고 있습니다. 하반기 공채는 대개 9월에 서류접수가 시작되고, 직무적성검사는 10월, 면접은 11월 초에 치러집니다. 또한 분야별 관련 학과 전공자로 응시자격을 제한하고 TOEIC, TOEIC Speaking, OPIC, TEPS, TEPS Speaking 중 1개 이상의 영어성적을 보유하고 있어야 하며 기사 자격증 소지자를 우대한다고 명시하고 있습니다.

H사의 입사전형은 서류전형, 필기전형직무적성검사, 면접전형으로 나뉘

어 진행됩니다. 지난해 합격자 기본 스펙을 살펴보면 학점은 3.5~4.0 사이, TOEIC은 800점대가 대부분이었으며 평균 자격증 1.1개, 연수경험 0.6회, 봉사활동 0.5회, 인턴경험 0.2회로 조사되었습니다.

H사의 2015년 하반기 공채 토목공학전공 모집현황 예

모집전공	사업분야	직무	비고
토목공학	인프라환경	공사/공무/견적, 공정관리, 품질관리	
	건축	공사/공무/견적	
	PRM	품질평가/감사/교육/기획	
		공정기획/심사/교육/기획	석사 이상
		현장 안전관리	안전기사 소지자 우대
토목공학 (구조/지반/항만 등)	인프라환경	설계검토/기술지원	석사 이상
토목공학 (구조/토질/연약지반)	연구개발	구조/토질/연약지반	석사 이상

서류전형 ㅣ 서류전형에서는 지원서만으로 평가가 이루어지므로 모든 항목을 성실하게 작성해야 합니다. 자기소개서 작성 시에는 자신의 경험을 통해 본인의 장점에 대해 서술하되 너무 많은 비유는 자제하는 것이 좋고, 지원동기에 대해서는 직무와 밀접하게 관련지어 작

성하는 것이 유리합니다.

필기전형 ┃ 필기전형은 직무능력검사인·적성검사와 전공시험으로 진행됩니다. 인성검사는 답이 정해져 있는 것이 아니므로 본인이 생각하는 대로 일관성 있게 응시하는 것이 중요하고, 적성검사는 5과목언어이해, 논리판단, 자료해석, 정보추론, 도식이해을 비교적 짧은 시간 동안 풀어야 합니다. 전공시험의 경우 기술직은 시사상식 및 공업수학, 공학기초 등의 문제를 풀고 사무직은 시사상식 및 법학 일반, 경제학 일반 등의 문제를 풀게 됩니다. 적성검사와 전공시험은 시중의 일반적인 문제를 크게 벗어나지 않으므로 기출문제를 참고하여 준비하는 것이 좋습니다.

면접전형 ┃ 면접은 역량면접, 임원면접, 영어면접으로 진행됩니다. 역량면접에서는 전공에 관한 지식을 물어보며 5분 동안 약 4~5개의 질문에 대답하게 됩니다. 임원면접에서는 1분 PT, 자기소개, 인성면접으로 진행되며 인성면접에서는 자기소개서와 이력 사항과 관련된 질문을 주로 합니다. 답변은 꾸미지 않고 솔직하게 하는 것이 좋으며 자신감 있게 대답하되 보수적인 회사 분위기에 맞게 너무 튀지 않아야 합니다. 영어면접은 약 10분 동안 외국인 2명과 2:1로 진행되며 자기소개 및 간단한 질문에 대답해야 합니다.

삼성물산 김경아

학생도 아닌, 그렇다고 일을 하고 있는 사회인도 아닌 어정쩡한 상태로 머물러 있지 않을까 하는 불안감. 주변 친구, 학교 동기들이 하나씩 사회 진출을 하고 있는 상황이 주는 압박감. 그리고 한 곳에 집중하기 보단 모든 회사 채용 공고가 뜨면 그것에 한껏 흔들렸던 불확실한 소신. 저는 6개월간의 취업 준비 후 지난 2013년 5월 삼성물산 건설부문에 합격하였습니다. 저만의 합격 노하우가 있기 보다는 현재 사회에 진출하기 위해 열심히 공부하고, 노력하고 있는 토목공학 후배님들에게 조금이나마 도움이 되기 위해 글을 적어봅니다.

본인이 하고 싶은 분야를 선택하라 | 글 맨 앞에서 보시다시피, 저는 확고한 목표가 없었습니다. 누구든 이름만 들으면 알만한 공기업, 그리고 시공사의 채용 공고가 뜨면 무조건 다 지원하였습니다. 하지만 그 결과는 당연히 처참했습니다. 공기업과 시공사는 준비과정이 완전히 다릅니다. 전공과목 시험이 있는 공기업은 그에 더욱 치중해야 하며, 시공사는 인적성 및 면접에 비중을 더 두어야 합니다. 그래서 저는 공기업과 시공사에서 일하고 있는 선배님들과 동기들에게 실무 얘기를 들으면서 제가 하고 싶은 일이 무엇인지 고민하였습니다. 저는 공공 프로젝트를 기획하는 공기업보다 실제 현장에서 시공 엔지니어로서 일하는 시공사가 제 적성에 더 맞는다고 판단하여, 시공사를 목표로 취업준비를 하였습니다.

유비무환, 준비된 자만이 기회를 잡는다 | 공기업과 시공사는 채용 과정이 매우 상이하지만 그중 공통분모는 바로 인적성입니다. 저는 매일 하루 30분이라도 인적성 공부를 하였습니다. 흔히들 인적성은 공부를 한다고 해서 잘 보는 것이 아니라 '평소 실력으로 봐야 한다.'라든지, '머리 좋은 사람이 잘 본다.'고들 합니다. 물론 그 말이 완전히 틀린 말이 아니지만, 시간을 배분하여 짧은 시간 동안 정확하게 문제를 풀기 위해서는 꾸준한 훈련이 필요합니다. 이러한 저의 꾸준한 인적성 준비가 각 기업별 문제 성향이 다름에도 불구하고 합격할 수 있었던 비결이었습니다.

식상한 스펙을 특별하게 어필하라 | 저는 졸업 후 6개월이라는 공백기 동안 제가 살고 있는 지역발전을 위해 봉사하는 지역발전 서포터즈로 활동하였습니다. 낙후된 동네에 동네 주민들을 위한 도서관을 짓거나, 벽화를 그려 주민들의 만족도를 높이고, 지역 홍보도 하는 일석이조의 봉사활동이었습니다. 여러분들도 아시다시피, 이런 봉사활동은 많은 학생들이 활동하고 있어 식상하다고들 생각합니다. 하지만 이 식상한 스펙도 생각을 조금만 바꾸면 특별하게 어필할 수 있습니다. 삼성물산은 국내 건설사 중 유일하게 10년 넘도록 해비타트 봉사활동을 진행하고 있습니다. 사랑의 집짓기 봉사활동을 통해 저소득 무주택자에게 제공하는 해비타트는 삼성물산 사회공헌 활동 중 가장 뜻 깊고 대표적인 공헌활동이라 할 수 있습니다. 저는 면접 시 제 지역 서포터즈 봉사활동을 삼성물산의 해비타트와 연계하여 제가 가진 가치관과 삼성물산의 가치관의 공통성을 어필하였고, 그 점이 면접관들의 마

음을 움직였다고 생각합니다. 남들이 해보지 않은 스펙을 쌓느라 정작 중요한 것을 놓치지 마시기 바랍니다. 조금만 바꾸어 생각한다면 식상한 스펙을 다른 지원자들과 다른 특별한 스펙으로 어필할 수 있습니다.

그 어느 때보다 청년 실업률이 높은 현재, 도서관에서 혹은 등·하교 길 지하철·버스 안에서 영어 단어장, 전공 책을 놓지 않고 공부하는 많은 후배님들. 이런 제 취업 준비 과정이 절대적인 도움이 되지 않겠지만, 조금이나마 여러분들이 결정을 내리는 데 약간의Tip이 되었으면 좋겠습니다.

취업도전기

현대건설 김삼수

취업 스토리 | 요즘같이 취업이 힘들던 그때, 저는 취업전선에서 한 번 미끄러졌습니다. 취업재수를 하게 된 거죠. 정말 슬펐습니다. 왜 안 되는 걸까? 집에 있는 소파에 누워서 신세를 한탄하고 있다가 친하게 지내는 학교 선배에게 전화를 걸었습니다. 그 선배는 저와 같이 대학원에 졸업해서 현대엔지니어링에 근무하고 있었습니다. 저는 형에게 물었습니다. "형. 어떻게 하면 형처럼 취직할 수 있을까?" 그때 형이 말했습니다. "죽을 각오로 해! 넌 자존심도 없냐? 난 그냥 들어간 줄 알아?" 그때 죽을 각오로 하라는 형의 진심어린 말이 저에게는 굉장한 쇼크였습니다.

그날 이후로 자기소개서, 영어, 전공공부까지 정말 죽을 각오로 열심히 준비했습니다. 모든 준비를 아침 아홉시에 학교도서관에 가서 그 다음날 새벽 2시까지 하루도 빼놓지 않고 3개월을 달렸습니다. 그러다 보니 오히려 자신감이 생겼습니다. 죽을 각오로 하다 보니 잡생각도 없어지고 오히려 하나에 집중할 수 있었습니다. 그렇게 서류와 인적성시험을 통과해 면접까지 가게 되었습니다. 면접은 서울에 있는 스피치 학원에서 준비를 했습니다. 만만치 않은 비용이었지만 가장 중요한 것은 면접이라고 생각했기 때문에 비용이 전혀 아깝지 않았으며, 실제 면접 때도 많은 도움이 되었다고 생각합니다. 그렇게 2014년 7월 저는 현대건설 연구개발본부로 출근하게 되었습니다.

취업준비 팁 | 저는 실제 유용한 팁을 드리겠습니다. 우선, 자기소개서는 두괄식으로 작성하는 것이 좋은 것 같습니다. 본인이 어떤 사람이라는 것을 첫 문장에 영혼을 담아 작성하세요. 미사여구는 쓰지 마시고 담백하게 쓰세요. 그리고 나를 뽑으면 어떤 부분에서 회사에 금전적으로 도움이 될 수 있을지 고민하고 쓰세요. 기업은 이익을 추구하는 집단입니다. 돈입니다. 이는 면접에서도 이어집니다. 면접에서도 나를 뽑으면 회사에 금전적으로 어떻게 도움이 되는지를 고민하고 준비하고 말하세요. 그리고 자신감과 여유 있는 모습을 보이세요. 저에게 스피치 학원은 많은 도움이 되었습니다. 면접준비는 거울을 보고 연습했습니다. 거울에 비친 제 모습 정말 역겹습니다. 가식이라고 생각하지 마세요. 본인을 보기 좋게 포장하는 것도 실력입니다. 그리고 별도의 발표를 하게 된다면 시간엄수는 꼭 필요합니다. 정

말 중요하고 중요합니다. 실제로 같이 면접본 분 중 한명은 시간을 지키지 못해 면접관에게 그 자리에서 혼이 나기도 했습니다.

저의 경험에서 나온 조언이 도움이 될지 모르겠습니다. 무엇보다 자신감을 가지고 열심히 하세요. 본인의 실력을 쌓는다고 생각하고 준비하세요. 저뿐만 아니라 주변 선배든 친구 동기든 누군가에게 동기부여를 받고 최선을 다해 준비하면 반드시 좋은 결과가 있으리라 생각합니다.

취업도전기

대림산업 송수영

꿈에게 기회를 주기 위한 나의 도전 | 안녕하세요? 2014년 하반기 대림산업 신입사원 공채에 합격한 송수영입니다. 토목공학을 전공하고 시공사 취업을 준비하는 분들에게 저의 취업준비 경험과 현재 맡은 직무 그리고 포부를 공유하고자 합니다.

먼저 취업준비의 시작인 자기소개서 작성 시 가장 중요한 항목은 지원동기입니다. 천편일률적인 내용보다는 각 회사의 홈페이지와 현직자들의 조언을 참고하여 맞춤식 지원동기를 작성하는 것이 필요합니다. 지원동기를 통하여 왜 이 회사에 지원하였으며 본인의 역량을 어떻게 펼칠 수 있는지 보여주는 것이 핵심입니다. 다음으로 면접전형은 스터디를 활용하는 것을 추천합니다. 스터디는 취업카페를 통하여 같은 전형의 지원자들과 만나서 진행하였습니다. 토론면접, 전공면접, PT면접 등과 같은 다양한 면접에 대하여 주어진 시간에 많은 정보를 얻을 수 있고, 스터디원들과의 모의면접을 통해 긴장감도 느낄 수 있는 일석이조의 효과가 있습니다. 면접 당일의 압박감은 스터디를 통해서도 완전하게 극복할 수 없었지만 면접내용의 대부분이 준비했었던 내용이기에 조금이나마 부담을 덜 수 있었습니다. 마지막으로 취업준비는 철저한 계획 아래 이뤄져야 한다고 말씀드리고 싶습니다. 공채 시즌이 시작되고 여러 입사지원과 전형별 합격자 발표가 진행되는 과정에서 조급해하지 말고 자신의 계획대로 해나간다면 반드시 좋은 결과는 따라올 것입니다.

저는 토목직 신입사원으로 입사 후 현재 토목설계팀에서 근무를 하고 있습니다. 시공사에서 설계팀의 주요 역할은 설계를 통한 입찰지원입니다. 대상 프로젝트에 대한 레이아웃 및 구조물의 단면을 결정하는 것을 시작으로 설계사에서 수행되는 세부적인 설계내용을 시공성과 공사비를 고려하여 검토하고 변경하는 업무를 수행합니다. 제한된 입찰 일정 안에서 프로젝트 수행을 위하여 설계팀은 주로 T/F팀 Task Force Team 형태로 구성됩니다. 이에 따라 밤샘근무 등 높은 업무강도로 힘들 때도 있지만 뛰어난 기술력과 경제적인 설계로 수주를 도와 우리 직원들의 일터인 현장을 개설한다는 목표 아래 열심히 일하고 있습니다.

토목공학도로서 저의 꿈은 프로젝트의 입찰단계에서부터 설계를 수행하고, 이를 가지고 직접 현장에 나가 시공업무를 수행하는 것입니다. '꿈에게 기회를 주지 않는다면 꿈도 당신에게 기회를 주지 않는다.'라는 「마윈처럼 생각하라」의 한 구절을 항상 생각하며 언제나 이런 꿈에게 기회를 주기위해 노력하고 있습니다. 오늘도 내일에 도전하기 위하여 열심히 꿈꾸는 미래 토목건설인들의 건승을 기원합니다. 꿈★은 이루어집니다.

취업도전기

롯데건설 강은비

세상 어디에도 흔들림 없이 피는 꽃은 없다 ǀ 2014년 롯데건설에 입사한 강은비라고 합니다. 건설사 취업을 희망하시는 분들께 조금이나마 도움이 되고자 제 취업준비 과정을 알려드리겠습니다.

되면 한다는 것이 아닌 하면 된다 ǀ 제가 건설사를 준비할 때쯤에도 건설경기가 많이 침체되어 있는 상황이어서 공채 지원 기회도 많지 않았고 경쟁률도 굉장히 높은 시기였습니다. 거기에 저의 스펙은 지방 국립대 4년과 일본에서의 석사과정 2년, 몇 가지의 언어 자격증뿐이었습니다. 그래서 합격률을 1%라도 올리기 위해 공채가 뜨는 곳은 닥치는 대로 지원했습니다. 비슷한 내용의 자기소개서를 채우는 일은 그렇게 어려운 일이 아니었고, 서류를 제출하는 일은 몇 번의 클릭으로 끝나는 일이었습니다. 하지만 몇 번의 고배 끝에 성의도 소신도 없이 합격을 바랐던 제가 오만했던 것을 깨달았습니다.

그 후 왜 나는 건설사를 지원하기로 마음먹었는지 다시 한 번 생각해보았습니다. '어디든 상관없어, 취업만 되면 그걸로 만족이야.'라는 마인드로 취업시장에 뛰어든 취준생들이 대부분이며 어쩌면 그것은 취업난 속에 당연한 것일지도 모릅니다. 하지만 그렇게 취업에 성공(?)해도 몇 년, 짧게는 몇 개월도 버티지 못하고 다신 하기 싫다던 취업준비를 하기 위해서 회사를 그만두는 주변인들을 쉽게 찾아볼 수 있습니다.

'되면 한다.'라는 마인드를 버리고, '하면 된다.'는 마음으로 덤비세요. 될 것 같은 회사에 무턱대고 원서를 던져 넣는 것이 아니라 내가 가고 싶은 회사에 대해 최대한 많이 파헤치고 상세히 알아본 다음 나한테 맞는 업무인지 내가 하고 싶은 업무인지 꼼꼼히 따져보세요. 같은 건설사라는 카테고리에 있어도 회사마다 추구하는 목표와 중요도 높은 업무들에는 차이가 있습니다. 취업하는 것도 중요하지만 하고 난 뒤 업무를 즐길 수 있는 마인드를 탑재하는 것도 매우 중요합니다. 그럼 놀랍게도 그런 마인드가 자기소개서에도, 면접에도 자연스럽게 녹아들 것입니다.

언제나 여유 있는 모습으로... | 그런 마인드를 완성한 덕분이었을까요…. 억지로 인재상에 가깝게 인위적으로 작성된 자소서와 스펙에 굳이 제 몸을 끼워 맞출 필요도 없게 되고 현재의 '나'를 과감히 보여줄 수 있게 되자 전 '여유'를 가지게 되었습니다. 롯데건설의 면접은 저의 취업준비 중에 보았던 첫 번째 면접으로 면접에 대한 개념이 전혀 없었는데도 불구하고 큰 부담감이 없었습니다. 그래서 저는 실

무진 면접과 임원면접에서 적당한 긴장감을 유지한 '여유'로운 저의 모습을 보여주고 저에 대해 흥미를 느낀 면접관들과 대화를 하다 나온 기분이었습니다. 면접장을 나오자 밖에서 인솔을 해주던 선배님께서 이렇게 웃음이 끊이지 않았던 면접은 처음 봤다며 꼭 회사에서 볼 수 있었으면 좋겠다고 말해주었습니다. 그 말을 듣고 기분 좋게 면접장소를 나올 수 있었습니다.

취업준비를 하며 받는 계속되는 불합격 메일로 인해 자존감은 떨어지고 하루라도 빨리 취업을 해야 한다는 압박감과 조급함에 여유로운 모습은 도저히 가질 수 없을 것입니다. 하지만 여유로움 속에서 당당함이 나오고 그 당당함에서 사람을 끌어들이는 매력이 나온다고 생각합니다. 제가 느낀 면접은 전공지식과 영어 실력을 뽐내는 자리가 아니라는 것입니다. 이미 그것에 대해 우수한 사람들만 모아둔 자리가 면접입니다. 저는 면접을 통해서는 그 사람의 'Attitude'를 보는 것이라고 생각합니다. 그 'Attitude'에서 당당한 매력보다 좋은 것이 무엇이 있을까요? 여유를 가지세요. 당당함이 생길 것입니다. 꾸밈없는 당당함이야말로 최고의 무기가 될 것입니다.

'흔들리지 않고 피는 꽃이 어디 있으랴.' 도종환 시인의 시의 한 구절입니다. 세상에 어떤 꽃도 바람 앞에 흔들리지 않고 피는 꽃이 어디 있겠습니까. 시련과 역경 없이 이루어지는 것은 아무것도 없습니다. 비바람을 이겨냈을 때 더욱 아름다운 꽃을 피우듯 여러분은 미래에 누구보다 아름다운 꽃을 피울 수 있을 거라고 믿습니다.

해외취업, 진학 및 기타

토목건설공학 전공자의 전통적인 취업분야는 비교적 좁은 편이었으나 토목공학이 실생활과 밀접하게 연관되어 있고 다른 분야와 융합발전하면서 금융회사, 법률회사, 보험회사, 정치계 등의 다양한 분야로 진출하는 경우가 점점 증가하고 있는 추세입니다. 일례로 보험회사에서는 건설공사, 지진, 홍수, 강풍 등의 위험도를 평가할 수 있는 전문지식을 가진 인재를 필요로 하며, 또 특허법률을 담당하는 회사에서 토목 관련 특허를 담당할 수 있는 전공자를 채용하기도 합니다.

또한 최근 대규모 해외 건설 사업이 꾸준히 증가함에 따라 해외 토목건설사업의 일자리 수요도 증가하고 있습니다. 이러한 추세 속에서 해외의 국내기업 또는 외국계 기업에 취업을 하는 사례가 늘고 있습니다. 해외취업을 위해서는 반드시 외국어에 능통해야 하며 현지인들과 어울려 일하기 위해 그 나라의 생활습관이나 문화에 대해 열린 마음을 가져야 합니다.

일반 기업체 외에 UN사무국, UN산하기구, 정부간 기구 등과 같은 국제기구에도 취업할 수도 있습니다. 국제기구의 채용 시스템은 공석이 생길 때마다 채용을 하기 때문에 비정기적이며 채용 때마다 분야, 직급, 근무지, 자격요건 등이 모두 다르나 해당 분야의 전문가를 원하기 때문에 전문직원의 경우 보통 석사 이상의 학위와 관련 직무 경력[2~10년]을 요구합니다.

Tip!

국제기구 직원 모집공고는 채용 홈페이지에서 확인할 수 있습니다.

Arup, London 정혁일

안녕하세요. 저는Arup 런던 본사 터널팀에 근무하고 있는 정혁일이라고 합니다. 저는 한국에서 토목공학 학사, 지반공학 석사를 마친 후 국내 설계 엔지니어링 회사에서 지반/터널실무를 약 7년간 경험 하였고, 2006년 프로젝트 파견형식으로 Arup에서 업무를 시작, 2009년 Job Offer를 받아 정식 직원으로 일하게 되었습니다.

지금은 런던 본사 터널설계팀의 Tunnel Skills Lead 및 Project Manager 역할을 수행하고 있으며, 영국, 유럽, 미국, 중동, 홍콩, 싱가포르 등 Arup에서 관여하고 있는 전 세계의 터널 프로젝트에 대한 기술적인 지원 역시 담당하고 있습니다.

저는 국내 토목 엔지니어링 회사에서 실무를 하다가 영국으로 건너온 사례이다 보니, 많은 분들로부터 해외 엔지니어링 회사에서 일하려면 어떠한 준비를 해야 하는 지에 대한 질문을 종종 받습니다. 이는, 아직 한국 엔지니어가 해외엔지니어링 회사에 많이 진출하지 못했기 때문에 궁금한 점에 대한 대답을 얻을 수 있는 경로가 제한되어 있고, 또, 해외엔지니어링 회사는 왠지 쉽게 다가갈 수 없는 먼 나라의 이야기라고 느껴지기 때문이기도 할 것입니다.

해외 엔지니어링 회사에서 일할 수 있는 방법에 대해서는 어느 누구도 완전한 답을 말씀 드리기 힘들 테지만, 해외 엔지니어링 혹은 시공사가 어떠한 자질을 중요시 하는지에 대한 이야기를 드리면, 이 글을 읽으시는 분들께서 해외취업을 위한 계획을 세우시는 데 도움이 되지 않을까 합니다.

우선, 제가 런던에서 일을 시작하면서 가장 크게 놀랐던 점은, 엔지니어의 전문성입니다. 토목 프로젝트는 갈수록 대형화, 복잡화 되어가고 있기 때문에, 해외 토목 프로젝트의 발주처client는 해당 프로젝트의 특성에 적합한 전문성을 가진 기술자들의 투입을 선호하고, 설계 혹은 시공을 수행해야 하는 엔지니어링 회사 혹은 시공사는 해당 분야의 전문지식을 가진 엔지니어의 채용을 선호하는 풍토가 정착되어 있습니다.

제가 영국에서 접하고 있는 많은 엔지니어들 역시 통상 한 분야에서 오랫동안 많게는 40년 이상까지도 전문성을 키워오신 분 들이며예를 들면 터널 중에서도 TBM터널 전문가, 교량 중에서도 현수교 전문가와 같이, 본인의 경험과 지식을 바탕으로 해당 전문분야에서 발생되는 다양한 기술적 문제들에 대한 해결책을 제시하면서 프로젝트를 이끌어가는 핵심적인 역할을 하고 있습니다. 또한 설계를 담당하는 엔지니어라고 하더라도 현장에서의 경험을, 시공을 담당하는 엔지니어라고 하더라도 설계의 경험을 가지고 있어서 현실적으로 적용 가능한 기술적인 해결책을 찾아가는 데 필요한 충분한 전문 지식을 가지고 있습니다. 또한 해외 엔지니어들은 본인의 전문분야에 대한 기술적인 능력을 입증할 수 있는 공인자격증certificate 혹은 chartership을 취득하는 데 많은 노력을 하고 있습니다. 이는 해외엔지니어링 회사 혹은 시공사는 전 세계의 프로젝트 입찰에 참여하므로 국제적으로 공인될 수 있는 전문자격을 가진 기술자의 채용을 선호하기 때문입니다.

국내대학 학사 혹은 그 이상의 국내 학위를 받고, 최초의 직장으로 해외엔지니어링 혹은 시공사의 채용 시장에 지원하는 것 역시 배제할 수 없는 해외진출의 방법 중의 하나이지만, 해당 국가 졸업생에 대한 우대, 취업비자 등의 문제로 인해 해외 기술인력들과의 경쟁에서 불리한 위치에서 경쟁하여야 하는 점은 어쩔 수 없이 인정해야 하는 현실적인 문제입니다.

해외 엔지니어링/시공사의 취업은 왠지 나랑은 동떨어진 먼 나라의 이야기로 느껴지실 수도 있겠다는 생각이 듭니다. – 제가 런던에 건너오기 전까지 그랬던 것처럼 말입니다. 하지만 해외 취업이 결코 먼 나라의 일 만은 아니며, 최근 한국 토종 엔지니어들의 해외 진출 사례가 많이 늘어나고 있는 사실을 미루어 볼 때, 앞으로도 이러한 추세는 계속 이어지리라 확신합니다. 대학(원) 졸업 후 갖게 되는 첫 직장이 국내 회사라고 하더라도, 또한 해외 유학의 길을 택하지 않더라도, 해외취업의 문이 닫혀버리는 것은 아니며 전문분야에 대한 경험을 차분히 쌓고 또한 그와 병행하여 해당 전문분야에 대한 공인된 자격을 취득하면서 준비한다면 global engineering company에서 일할 수 있는 기회를 충분히 잡을 수 있다는 점을 꼭 말씀드리고 싶습니다.

*Arup은 시드니 오페라 하우스를 설계 및 시공관리 한 회사로 유명하며, 현재 전 세계 약 40개 국에 지사를 거느린, 직원 수 1만 2천 명 이상의 global engineering company임

준비된 자, 기회를 얻는다

이번 장에서는 토목건설공학 졸업생의 취업분야와 동향, 분야별 입사전형 및 취업도전기 및 합격수기를 통해 취업전략을 소개했습니다.

최근 취업한 학생들의 공통적인 특징은 학부 때부터 목표를 세워 체계적으로 준비를 잘 해왔다는 사실인 것 같습니다. 요즘에는 같은 방향을 가는 사람들끼리 스터디 그룹을 만들어 정보를 공유하고, 실전과 같은 연습을 하는 경우도 매우 흔한 것 같습니다.

많은 사람들이 글을 잘 써서 자기를 부각하려고 하지만 도전수기의 공통적인 조언은 최고의 '자기소개서'는 결국 쓸 만한 재료가 풍부할 때 최고의 소개서가 될 수 있다는 것입니다. 이런 사실은 대학에 입학에서부터 취업준비시기에 이르기까지 하루하루의 시간을 의미 있고 알차게 보내야 한다는 것을 뜻합니다.

영어 학습, 체험활동, 봉사활동, 특별한 경험 등은 갑자기 만들어낼 수 있는 것이 아니므로 대학생활 전체를 아우르는 인생계획이 필요하다고도 하겠습니다. 그리고 더 중요한 것은 그런 활동들을 단지 취업을 위해서 할 것이 아니라 진정한 인생의 경험 또는 자기의 발견을

위한 노력의 일환으로 해나갈 때 참된 의미가 생길 것이고 자기소개

서는 자연스럽게 풍부해질 수 있을 것입니다.

어떤 성취를 이룬 경우, 의도한 것은 아니었지만 나도 모르게 준비

가 되었었고, 그 준비로 인해 기회를 잡게 되는 경우가 많습니다. 이

제 말할 수 있을 것 같습니다. 기회는 준비된 자만이 잡을 수 있다고.

05

건설의 과거와 미래
그리고 도전

한국건설의 가치

현대 한국건설사의 새로운 시작은 1958년도에 제정된 '건설업법'에서 찾을 수 있습니다. 물론 건설업법이 제정되기 전에 이미 건설의 생산활동은 있었습니다. 한국전쟁 중에도 건설활동은 있었지요. 우리나라에서 현존하는 건물 중 가장 오래되었다고 인정받는 목조 건물인 영주 부석사_{신라 문무왕 16년 676년 건설}도 있지만 축조 당시의 법이나 축조 방법 등에 대한 자료가 남아 있지 않습니다.

산업과 규범으로서 틀을 갖춘 대한민국 건설의 역사는 1958년도 건설업법 제정을 시발점으로 보는 것이 좋을 것 같습니다. 건설업법 이전의 생산 활동은 개인이나 외국기술과 자본에 지배받았으므로 한국 고유의 산업 역사로 보기에는 좀 부족한 측면이 있기 때문입니다. 물론 건설업법이 제정되기 전에 민간건설기업이 존재했던 것도 사실입니다. 전쟁 중에도 미군이나 유엔군의 숙소를 건설했던 故 정주영 회장의 일화는 전설에 가까울 정도입니다. 그러나 건설이라는 지위 인정 및 통계로서 의미를 갖춘 한국건설 역사의 시발점은 건설업법이 제정된 1958년으로 보는 게 타당할 것 같습니다.

건설시장이 기술을 성장하게 만들었다

현대적인 의미로서의 건설시장이 형성되기 시작한 것은 6·25 전쟁으로 파괴된 생활기반인 집과 도로, 교량 등 복구 사업으로부터입니다. 1960년대 이전의 한국건설시장은 계획경제로부터 파생된 시설물 건설보다 주로 파괴된 생활기반 시설물의 임시 복구사업이었습니다. 산업활동을 위한 생산기반 시설이라기보다는 보편적인 국민의 삶이나 국가 행정의 편의성을 위한 시설물의 보수와 건설이 대부분이었습니다.

대규모 건설이 착수되기 시작한 해는 1962년도부터입니다. 역사를 돌이켜보면 해마다 겨울이 끝나고 봄이 시작되는 3월에서 보리가 추

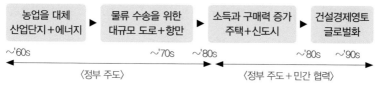

한국의 국토인프라 개발 과정

수되기 시작하는 5월 말까지 지난 해 곡식이 동 나는 이른 바 '춘곤기

일명. 보릿고개'가 반복되었습니다. 좁은 국토에 그나마 국토 면적의 70%가

산이어서 농사지을 땅이 절대적으로 부족하기도 했지만 농사 시설이

나 저수 시설이 낙후된 것도 춘곤기가 반복되는 원인이었습니다. 현

재와 같이 전천후 농사를 지을 수 있는 수자원 시설이 없이 자연 강

수에만 의존하는 천수답 농업방식으로는 국민의 배고픔을 해결할 수

있는 식량 자급자족이 사실상 불가능했습니다.

　이러한 국민의 배고픔을 해결하고 국민의 일자리를 해결하기 위해

국가차원의 계획경제가 수립되기 시작했습니다. 제1차 경제개발5개

년계획이 한국 정부 주도로 1962년에 시작된 것입니다. 국민의 배고

픔 문제를 해결하고 동시에 국력을 높이기 위해 산업단지 건설과 산

업단지 가동에 필요한 발전소 건설의 중요성을 인식하고 개발에 착

수했습니다. 사회간접자본에 대한 투자 확대가 제1차 경제개발5개년

계획의 핵심사업으로 선정되었습니다. 산업단지 가동에 필요한 원자

재 공급과 완성품 수송, 인력 수송을 위한 물류 시설, 특히 항만과 도로건설이 본격화되기 시작한 것도 이때부터입니다. 산업의 물류 수송을 위한 대규모 교통수단이 절대적으로 부족했기 때문에 단기간에 대규모 단지 조성 공사와 함께 부산항이나 경부고속도로와 같은 대표적인 교통인프라를 건설하였습니다.

대규모 교통시설 건설과 더불어 과거 천수답 농사를 전천후 농사가 가능한 계획영농으로 전환시키기 위해 다목적댐 건설도 활발히 진행되었습니다. 한편, 고정된 일자리로 수입이 늘어난 국민들의 생활수준이 높아지면서 쾌적한 주거공간에 대한 욕구도 늘어나게 됩니다. 이에 따라 대규모 주택공급 시장을 충족시키기 위해 수도권을 중심으로 한 신도시 건설이 본격화되기 시작했습니다. 이때까지만 해도 부족한 주택이나 도시건설, 도로나 도시철도 건설은 '선 수요 후 공급 조절'이라는 공급 중심의 시장이었습니다. 물량이 풍부했던 국내 건설산업은 한 때 '황금알을 낳는 거위'라 일컬으며 과열되었고 사회적으로 여러 부정적인 측면을 보이기도 했지만 그런 가운데도 비약적인 성장을 이루었습니다.

국내 건설산업의 비약적 성장과 함께 빼놓지 말고 짚고 넘어가야 할 것은 우리 건설의 해외진출입니다. 1976~1971년 제2차 경제개발 5

개년계획 당시 전력, 용수 및 수송 등 사회간접자본시설의 개발추진을 경험한 우리나라 건설산업은 베트남의 전쟁복구사업과 군 작전에 따라 급증한 현지 건설공사에 참여하였고, 나아가 동남아 일대로 건설수출을 확대하기도 하였습니다.

우리나라가 중동에 진출한 첫 해는 1973년입니다. 열악한 환경에서도 발주자 요구를 성실하게 받아들여 짧은 기간에 인정을 받게 되었고, 오일머니oil money로 중동특수가 시작되어 1973년 1.7억 달러에서 1981년 및 1982년에는 무려 130억 달러가 넘는 초고속 성장을 하였습니다. 가장 큰 규모는 사우디아라비아의 주베일 산업항 공사로 공사금액이 9억 3천만 달러였습니다. 당시 우리나라 외환보유고가 1억 달러가 채 되지 않았던 것에 비추어보면 이 액수는 우리나라 예산의 절반에 해당하는 금액이었습니다.

중동건설특수를 통해 우리나라 경제가 성장의 기반을 닦았고 건설산업이 경제성장의 견인차 역할을 하였다는 것은 한국경제 60년사에 기록되어 있습니다. 하지만 그 이면에는 1970~1980년대 약 250만의 건설 근로자들이 열사의 중동에서 하루 13~14시간씩 일한 노력이 있었음을 알 필요가 있습니다. 일례로 '제다' 도시 미화공사에서는 공사를 시작한지 한 달밖에 안 된 상황에서 회교 순례기간이 시작되기 전에 공사를 끝내달라는 요청에 야간에 횃불을 밝히고 기간 내에 공사를 완수하여 횃불신화를 만들어냈고, 주베일 산업항 공사에서도 각종 기상천외한 아이디어를 활용, 44개월 공사계약기간을 8개월이나 단축하는 등 성실성과 아이디어로 세계와 경쟁하였던 것입니다. 중동건설에서 외화를 획득하여 우리나라 경제발전에 주춧돌을 놓았다는 사실은 우리 토목건설인들이 자부심을 갖기에 충분합니다.

이후 경부고속철도와 인천국제공항의 건설은 한반도를 세계 교통망과 연결하는 글로벌 네트워크 구축의 시발점이 되었습니다. 특히 인천국제공항의 경우 '동북아허브공항'이라 불리는데, 단지 동북아시아 중심에 자리한 우리나라의 지리적 특성 때문만이 아닌 세계 수준의 공항을 건설할 수 있는 능력과 경제발전에 따른 높아진 국제위상이 반영된 것이라 볼 수 있습니다.

우리나라의 국제적 위상이 높아지고 경제가 발전함에 따라 승승장구하던 국내 건설시장이 2000년대에 접어들면서부터는 성장 정체라는 신호음을 내기 시작했습니다. 공급 중심의 시장에서 수요 창출 중심의 시장으로 변하기 시작한 것입니다. 이것은 양적 성장에 편승하여 성장만이 유일한 경영 목표로 인식했던 사고방식을 변화시켜야 할 시기에 도달했음을 의미합니다.

과거 압축 성장 과정에는 단기간 내 대량으로 공급해야 할 물량을 소화하는 일이 급선무였습니다. 그러다 보니 품질과 성능이 인프라의 수명을 100년 이상으로 유지하기에는 역부족이었습니다. '70~'80년대에는 소득수준이 양적인 부분에 치중하였기에 질적인 부분을 신경쓸만한 여력이 없었습니다. 그러나 소득수준이 높아지고 사람들의 인식도 양보다는 질적인 가치를 추구하는 방향으로 변화되었습니다. 이에 따라 우리 건설산업 역시 국토 인프라의 성능과 품질수준을 선진국 수준으로 높여야 하는 과제를 남겼습니다. 이제 과거에 익숙했던 신규 시설 공급 중심에서 몇 단계 높은 품질과 성능 혁신 시장으로 옮겨가야 하는 것이지요. 이것은 미래 토목건설인 여러분들 손에 달려 있습니다.

한국건설의 기술발전

한국건설의 기술발전은 공사 규모 확대와 직접적인 관계가 있습니다. 전후 복구사업은 근린 생활기반 중심이었고 별다른 교육과 훈련이 없었던 관계로 건설의 고유 기술을 구사할 수 있는 환경은 못 되었습니다. 더구나 생활기반시설 복구를 위한 정부재정이나 개인의 가계 부담 여력도 부족했지요. 자연스럽게 차관이나 대외원조자금, 특히 미국의 원조자금에 의존하는 시장이 주도하게 되었습니다. 자본의 지배를 받을 수밖에 없는 환경 탓에 미군이나 차관 공여국이 지정하는 외국기술자가 설계와 시공을 주도하였습니다. 그러다보니 국내기술은 단순 기능 중심의 현장기능기술에 불과하였습니다.

정부가 주도하는 경제개발5개년계획이 실행되기 시작하면서 항만이나 도로 등 대규모 토목공사가 펼쳐지기 시작했습니다. 수출 중심의 경제체제를 만들기 위해서는 중화학공장 건설이 필수적이었습니다. 대규모 산업단지^{당시는 공업단지} 건설이 본격화되면서 외국기술, 특히 설계·엔지니어링의 중요성을 인식하기 시작했습니다. 이때부터 대학에서 기초 기술자를 양성하는 교육프로그램이 본격적으로 가동되기 시작하였습니다. 이 시기는 이론에 비해 실무 경험이 부족했던 탓에 외국 기술을 복제하면서 눈썰미로 완성도를 높여가는 기술의 1.0세대를 이루었습니다.

수출단지가 가동되고 고정된 일자리가 지속적으로 늘어나면서 국민들 사이에서 주택과 도시에 대한 수요가 생겼습니다. 소득수준도 5천 달러를 넘어서면서 국력에 걸맞은 건설기술의 자립 욕구가 발생했습니다. 기술자립이 국가 이슈로 부각되었습니다. 국내에서 외국기술자들이 수행하는 역할을 국내기술자로 대체하는 것이 1차적인 목표였습니다. 경부고속철도와 인천국제공항 등 대규모 교통시설 공사가 착수되면서 기술자립에 대한 목표가 더 명확해졌습니다. 기술자립은 외국기술자를 대체하는 것으로 상대적인 비교보다 대체가 가능한지 여부를 결정하는 '절대평가'가 대세였습니다. 이러한 상황의 1990년대를 우리는 기술의 2.0세대로 부릅니다. 외국기술자와 외국기술만큼 할 수 있는지 여부가 기술자립의 최대 목표였습니다. 2.0세대에서 기술자립이란 한마디로 복제와 답습이었습니다. 외국 기업과 외국 기술자들을 빨리 따라잡는 '추종자fast follower'입장이었습니다. 그때는 빠른 추종자를 최고 기술자로 인정했던 시기였습니다. 기술 2.0세대의 최종 목적지는 물론 세계 건설시장 진출이었지만 단기 목표인 국내시장에 치중했던 것도 부인할 수 없습니다. 외국시장보다 국내시장이 더 매력적이었기 때문입니다.

2.0세대의 기술자립 목표가 국내시장에 맞춰져 있었다면 2000년대 이후에는 한국의 고유 건설기술로 세계시장 진출을 확대하려는 움직임이 있었는데, 이를 건설기술의 3.0세대라 할 수 있습니다. 2.0세대 기술의 평가 잣대가 'yes or no', 즉 절대평가였다면 3.0세대 기술은 국제시장의 무한 경쟁에서 이겨야 하는 상대평가가 되었습니다. 또한 2.0세대 기술이 국내시장에 초점이 맞춰져 있었다면 3.0세대 기술

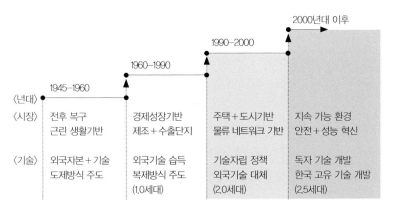

〈년대〉	1945–1960	1960–1990	1990–2000	2000년대 이후
〈시장〉	전후 복구 근린 생활기반	경제성장기반 제조＋수출단지	주택＋도시기반 물류 네트워크 기반	지속 가능 환경 안전＋성능 혁신
〈기술〉	외국자본＋기술 도제방식 주도	외국기술 습득 복제방식 주도 (1.0세대)	기술자립 정책 외국기술 대체 (2.0세대)	독자 기술 개발 한국 고유 기술 개발 (2.5세대)

한국건설시장과 기술의 발전 과정

은 전 세계로 무대가 넓어졌습니다. 따라잡기 기술에서 '선두주자first mover' 기술로 나서게 된 것입니다.

최근 한국사회에서 '창조경제' 혹은 이스라엘의 '후츠파끊임없는 도전'정신을 말하는데, 한국건설은 이미 1980년대 중반에 이러한 국가적 그림을 그린 바 있습니다. 세계시장에서의 경쟁력은 상대적인 평가로 판가름 납니다. 즉, 남보다 빠르면서도 값은 싸야 하고, 품질과 성능은 시장 수요자의 눈높이를 뛰어넘어야 선정될 수 있습니다. 컴퓨터와 IT기술 발전으로 전통적인 구조해석이나 재료기술, 시공기술 등이 빠르게 평준화되고 있습니다. 기술의 평준화는 곧 바로 가격과 공기 경쟁으로 전환됨을 의미합니다. 가격은 당연히 국민소득 수준에 좌우됩니다. 한국의 1인당 소득수준은 2014년 말 이미 28,180달러 수준을 넘어섰습니다. 그런데 소득수준이 향상되었다는 것은 더 이상 인건비 경쟁으로 이익을 얻기 어려움을 의미합니다.

기술경쟁에서 살아남기 위해서는 기술의 차별화는 물론 완성도와 숙련도를 동시에 높여야 합니다. 한국건설이 익숙해져 있는 기존 기술에서의 혁신renovation이 필요한 상황입니다. 3.0세대로 빠른 진입이 필요함에도 불구하고 건설기술은 아직 중간 단계인 2.5세대 수준에 머물러 있습니다. 선진기업의 뒤를 따라가는 기술로는 절대 선진기업의 문턱을 넘어설 수가 없습니다. 선진기업을 추월하여 앞서는 기술, 즉 한국건설이 주도하는 선도기술frontier technology이 중심이 되는 3.0세대를 향해 나아가야 할 것입니다.

한국건설의 상품가치

한국건설은 외국이 갖지 못한 특별한 상품가치를 지니고 있습니다. 전 세계에서 자원이 없는 국가가 연간 대외거래액 1조 달러를 넘어선 경우는 거의 없고 원조를 받는 국가에서 원조를 주는 국가, '20-50클럽소득 2만 달러, 인구 5천만 명'에서 '30-50클럽'으로 진입하고 있는 유일한 국가가 한국입니다. 한국경제는 이론적으로는 설명되지 않는 빠르고 강하게 성장을 해왔습니다. 이를 설명하기 어렵기 때문에 흔히들 한국경제 성장을 '기적'이라고 부릅니다.

한국경제 성장이 기적을 이룬 배경에는 성장엔진이 가동될 수 있는 사회기반시설이 제때에 공급되었기에 가능했습니다. 이는 한국의 건설인프라가 오늘의 대한민국의 국가경쟁력 강화에 견인차 역할을 했다는 사실을 입증하는 것입니다. 압축 성장의 부작용도 있었지만 한국건설은 짧은 시간에 선진국이 이룬 수백 년간의 도로와 항만, 공항 등의 사회기반시설을 건설했습니다. 남미는 물론 북아프리카, 아시아 등 신흥국^{예전에는 개발도상국 혹은 저개발국으로 호칭}이 국토 이용과 경제성장 등에서 가장 닮고 싶은 모델 국가로 한국을 지목하고 있습니다. 한국건설은 세계에 보여줄 수 있는 우수한 공항, 고속도로, 고속철도와 항만 등을 보유하고 있습니다. 더구나 주요 기반시설 건설을 가능하게 만든 검증된 기술과 기술인, 그리고 국가 차원의 건설전략과 제도를 가지고 있습니다. 이런 것들을 보유하지 못한 신흥국들이 한국을 벤치마킹하고 싶어 합니다. 일본이나 미국, 유럽 등 선진국의 기업들은 기술력은 우수하지만 우리와 같은 살아있는 경험이 없습니다. 건설사업은 규모가 크고 장기간에 걸쳐 진행됩니다. 투자자인 신흥국 정부는 당연히 적은 비용으로 안전하고 확실하게 기반시설을 건설하고자

하기에 한국건설이 선진국에 비해 절대적인 우위를 가질 수 있습니다. 따라서 이제 한국건설은 내재된 잠재력을 세계시장에서 상품화시킬 수 있는 전략과 용기가 필요합니다.

한국건설이 달성한 과거 70년의 성과나 높아진 국력은 한국건설이 더 이상 국내시장에 머물게 할 수 없습니다. 이제 한국건설은 우리 체격에 걸맞은 체력과 기술력, 그리고 도전 정신으로 세계를 무대로 나아가야 합니다. 우리나라 국토면적보다 작은 포르투갈도 15세기에 세계를 지배했던 경력이 있습니다. 아직도 포르투갈어를 사용하는 인구가 자국보다 브라질이나 콜롬비아에 훨씬 많다는 것도 우리에게 희망을 줍니다.경부고속철도나 고속도로의 종착역은 서울이 아닙니다. 아시아를 넘어 유럽으로 연결하는 글로벌 네트워크를 지향해야 합니다. 인천국제공항은 단순한 국제공항이 아니라 동북아 허브공항을 지향한 것도 글로벌 물류네트워크를 추구한 좋은 예입니다. 특히나 한반도의 통일은 단순히 국토확장의 개념이 아닙니다. 섬나라처럼 고립된 남한의 지리적 한계가 북한을 통해 아시아, 더 나아가 유럽대륙과 육로로 연결될 수 있음을 세계에 알리는 것입니다. 전혀 다른 교통인프라 혁신이 일어날 것임은 말할 것도 없습니다. 육지와 바닷길, 그리고 하늘 길을 새롭게 만드는 교통인프라의 확장은 한국건설

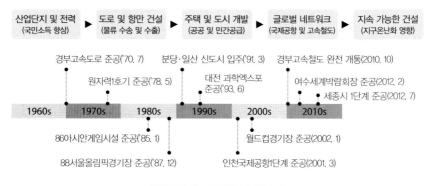

글로벌화하는 한국의 국토인프라

의 무한한 가능성을 실현할 과제임과 동시에 도전의 희망을 주는 기
회입니다.

글로벌 경제환경 변화가 건설기술자에게 요구하는 것

한국건설이 내수시장을 넘어 무대를 전 세계시장으로 옮겨가야 하
는 것은 더 이상 선택의 문제가 아닙니다. 한국을 대표하는 글로벌 챔
피언 산업으로 반도체와 조선, 자동차 등이 있습니다. 이들 모두가 세
계 최고 수준의 품질과 시장 점유율을 확보하고 있습니다. 한국 글로
벌 챔피언 산업의 공통점은 내수 기반 시장이 아닌 지구촌 전체를 무
대로 하고 있다는 점입니다. 건설을 모태로 출발한 조선산업은 2015
년 현재 세계 최고의 기술력과 함께 최대 시장 비중을 확보하고 또 지

켜가고 있습니다. 이제 우리 건설도 한국을 대표하는 글로벌 챔피언 산업으로 올라설 수 있습니다. 한국의 연간 건설투자 시장 규모는 전 세계시장의 1.5~1.8%에 불과하며 98% 이상의 시장이 한국이라는 영토 밖에 있습니다. 한국건설의 영토를 지구촌 전체로 확대하는 데 국가면적은 절대 걸림돌이 될 수 없습니다. 앞서 예로 든 15세기를 지배했던 포르투갈은 남한 면적의 93%에 불과했고 19세기를 지배했던 영국의 국토도 한반도 전체 면적보다 10%가 클 뿐입니다. 우리의 선배들이 중동과 한반도의 반쪽을 상대로 활동했다면, 이제 미래 건설인 여러분들이 도전해야 할 시장은 통일한반도와 전 세계가 될 것입니다. 여러분이 볼 지도는 한반도 지도가 아닌 세계지도가 되어야 합니다. 선배들의 뒤만 따라가는 추종자가 아닌 당당하게 선두에 설 수 있는 리더가 되어야 합니다.

아인슈타인이 말했습니다. 과거와 현재에 시선을 고정시키면서 밝은 내일을 보는 것은 바보들만이 할 수 있는 일이라고. 과거와 달리 대학을 졸업하는 청년들을 기다려주는 일자리는 없습니다. 미래로 향하고 있는 기업은 새로운 사고와 새로운 도전 의식을 가진 젊은 청년들을 찾고 있습니다. 만들어진 시장에서 경쟁하는 기술자가 아닌 시장을 만들어 갈 수 있는 인재를 찾고 있습니다. 이제 시장도 몸에

밴 기술보다 남이 보유했거나 시장에서 조달 가능한 기술을 발굴하고 조합하여 전혀 새로운 기술을 만들어낼 수 있는 역량을 갖춘 인재를 선호합니다.

최근의 화두가 되고 있는 '융합기술'도 이런 추이의 연장선이라 볼 수 있습니다. 아이폰을 개발하여 세상을 바꾼 故 스티브 잡스는 만약 사람들이 찾고 있는 전화기를 만들어내는 데 몰두했다면 아이폰을 만들어낼 수 없었을 것이라고 말했습니다. 존재하지 않는 아이폰을 만들어 수요를 창출했다는 의미입니다. 한국건설도 이제 남들이 만들어준 시장에서의 경쟁은 기술보다 가격이 지배하기 때문에 이익을 남기기 어렵게 되었습니다. 익숙하지 않는 새로운 건설시장과 건설 상품을 만들어내야 합니다.

앞으로 전통적인 건설기술은 경제·경영 등 사회과학지식과의 융합이 필요합니다. 세계시장은 이미 산업 간 경계선이 무너지고 있습니다. 건설시장을 건설만의 기술력으로 소화시키기에는 외부 환경이 너무 변해 버렸습니다. 산업 간의 장벽 붕괴는 학제 간의 붕괴 혹은 통합을 요구할 것으로 예상되고, 이미 이루어지고 있습니다. 시장의 국경선이 붕괴되었고 시간과 공간을 실시간으로 변화시킨 IT와 통신기술은 더 이상 건설이라는 울타리 안에서의 경쟁을 무의미하게 만들었습니다. 새로운 기술을 접할 수 있고 익힐 수 있는 기회도 그만큼 넓어졌고 또 많아졌습니다. 무대가 넓어진 만큼 개인에게 주어지는 기회도 많아졌습니다. 이제, 과거와는 다른 용기로 미래에 도전하는 자세가 필요합니다.

한국건설의 미래, 그리고 미래의 인재상

건설의 미래

세계 최대의 지식공유 사이트인 위키피디아^{www.wikipedia.org}에서 '토목공학'을 검색하면 '토목공학은 수리, 물리, 화학 등 자연과학을 이용한 모든 공학의 근간을 이루는 분야'로 정의하고 있으며, '토목공학의 역사는 인류의 역사와 함께 시작되었다.'라고 설명하고 있습니다. 이와 같이 토목공학은 공학에서 가장 근본이 되는 학문이며, 인류가 안전하고 편리하게 생활할 수 있는 환경을 만드는 기술입니다. 특히 한국 건설사업의 경우 광복 이후 70년간 대한민국이 세계 최초이자 유일한 국제원조 수원국에서 공여국으로 성장하는 데 기여한 바가 매우 큽니다.

우리나라의 도로연장은 1950년 25,683km에서 2010년 105,565km로 4배 이상 증가했으며, 같은 기간 동안 건축물은 1,817,481동에서 6,581,265동으로 3.6배 증가하는 등 건설투자 규모는 점차 증가하여 1995년 GDP^{국내총생산} 대비 25.4%에 이를 정도로 국내 산업에서 건설이 차지하는 비중이 매우 높았습니다.

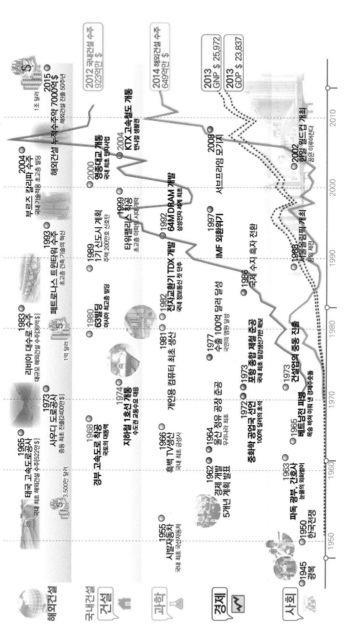

대한민국 성장과 건설의 역할(KICT 제공)

그러나 현 시점에서 냉철히 현실을 바라볼 필요가 있습니다. 1995년 이후 국내 건설투자는 2013년 기준 GDP 대비 13.5%까지 하락하였습니다. 이 기간 동안 국내 GDP는 2.1배 증가하였지만 건설투자는 136.8조 원에서 152.8조 원으로 불과 16조 원[12%] 증가했기 때문입니다. 특히 2005년 이후에는 증가율이 거의 정체 상태에 머물러 있습니다. 하지만 투자액 기준으로는 연 150조 원 수준이 유지되고 있습니다. 이는 건설시장이 성장하지 못하고 정체되어 새로운 성장동력을 발굴하지 않으면 산업이 위축될 수 있음을 의미합니다.

건설산업은 생산유발효과, 즉 투자 대비 경제에 미치는 효과가 제조업에 비해 높은 산업입니다. 하지만 국내 건설수요는 급격히 감소하고 있고, 나라 살림에서 사회간접투자[SOC] 예산은 정체되었습니다.

그러나 우리에게는 또 다른 기회가 기다리고 있습니다. 지금 시대는 아날로그 건설의 종단에 와 있을 뿐, 건설산업은 인류가 존재하는 이상 그 방식과 방법을 달리하여 계속 유지될 것입니다. 불과 수 년 전까지만 해도 자동차는 기계로 분류되었습니다. 그러나 현재 자동차는 전자제품이 전체 부품의 절반을 넘어서고 있으며, 테슬라와 같은 IT기업에서 전기 자동차를 생산하고 있습니다. 시계는 또 어떠한가요? 스마트 워치라는 새로운 개념의 시계가 나오면서 새로운 삶의 방식을 만들어내고 있습니다. 이와 같이 인간의 삶에서 매일 사용하고 있는 것들이 새로운 개념을 도입하여 삶의 패러다임을 변화시키고 있습니다. 향후 인간의 삶에 가장 큰 영향을 주는 패러다임의 변화는 바로 우리가 살고 있는 공간에 대한 신개념 도입 시도로 예상됩니다. 이러한 시도는 이미 시작되었습니다. 대표적 글로벌 IT기업인 구글google은 스마트시티smart city 건설사업을 주도할 사이드워크 랩스sidewalk labs를 설립하여 주거, 교통, 에너지 사용과 같은 도시문제 해결을 위해 도시 인프라 전체를 향상시키는 프로젝트를 진행하고 있으며, M&A를 통해 건설기업까지도 인수하고 있습니다.

개발의 시대가 지난 선진국들을 분석해보면 건설투자비율이 점차 감소하여 연평균 GDP 대비 9~11%대에서 정체합니다. 그러나 선진국의 건설산업은 시공에서 엔지니어링과 같은 지식산업으로 주력 건설산업을 변화시킴으로써 지속적인 발전과 함께 고부가가치 산업으로 변화하고 있습니다. 우리나라도 앞으로 전통적인 건설투자 비율이 선진국 수준에서 정체될 것입니다. 그러나 앞서 설명한 구글의 시도와 같은 새로운 삶의 패러다임을 변화시키는 고부가가치 지식기술intelligent technology이 건설산업이 가야 할 방향이며, 젊은 건설인들이 꿈꾸고 노력해서 개척해야 할 시장이며 미래인 것입니다.

건설산업도 만들어 가는 것!

미래 건설산업의 개척을 위해서는 건설기술의 공간, 기술, 대상 등의 범위를 확장하여 미래를 준비해야 합니다.

우선 공간 범위에서 보면 우리나라 건설시장은 양적으로는 포화상태이지만 질적으로는 아직도 할 일이 많습니다. 현재는 해외 건설시장 확대를 위해 노력하고 있지만 미래를 준비하기 위해서는 해외건설을 뛰어넘어 우주건설을 준비해야 할 시기입니다. 우주건설은 지구와 다른 환경과 다양한 제약조건으로 인해 기존 건설기술로 해결할 수 없는 난제들이 많이 존재합니다. 이를 극복하고 이미 20년 이상 앞선 선진국 기술을 따라잡기 위해서는 장기적 관점에서 우주시대를 대비하기 위한 준비가 필요합니다.

2020년 우리나라는 달 탐사를 준비하고 있습니다. 이후 지속적으로 우주개발 프로젝트는 계속될 것입니다. 그러나 우리 건설분야는 아직 우주에 대한 준비가 부족한 것이 사실입니다. 선진국들은 달이나 화성에 사람을 이주시키기 위한 프로젝트에 이미 착수하였습니다. 지구 밖에서 사람이 살 수 있는 환경 구축의 기본이 건설임을 잊어서는 안 될 것입니다.

기술 측면에서는 전통적인 건설기술을 넘어선 새로운 개념의 융·

복합 건설기술 아이디어를 발굴해야 합니다. 건설 융·복합 기술에 대해서는 오래전부터 다양한 분야에서 활발히 개발되었으나, 대부분 기존 건설산업 범위를 확장하거나 타 기술을 이용하여 건설기술의 난제를 해결하는 데 불과했습니다. 그러나 건설산업이 융·복합 기술 개발을 통해 신산업을 창출하기 위해서는 타 산업에 건설기술을 융·복합하는 도전적인 아이디어를 발굴해야 합니다. 태양광 발전을 예로 들어봅시다. 태양광 발전은 무한정·무공해의 태양에너지를 사용하여 오염원 발생이 없으며 가변성 및 융통성이 좋은 장점을 가진 반면에 초기 투자비가 많이 들고, 전력 생산량이 날씨와 일사량에 큰 영향을 받으며, 에너지 밀도가 낮아서 발전 용량에 비해 큰 설치면적이 필요하다는 단점이 있습니다. 그러나 도로·철도 등 비어 있는 공간을 활용, 태양광 발전 기술과 첨단 ICT 기술을 건설기술에 융합한다면 태양광 발전의 새로운 기술 사업화 모델 개발이 가능할 것입니다.

대상 측면에서는 건설이 국민의 삶의 질 향상에 있어 문화·예술과 결합하는 것을 생각해볼 수 있습니다. 차갑고 투박한 콘크리트에 빛이 투과되어 예술작품이 된다면 건물이 어떻게 바뀔까요? 인간이 생활하는 공간 그 자체가 예술이 될 수 있을 것입니다.

이미 문화예술계에서는 미디어 파사드^{media facades}라고 하는 건물 외

벽에 영상 또는 조명을 이용하여 건축물과 빛을 이용한 예술을 창조해냈습니다. 이뿐만 아니라 연극, 뮤지컬, 콘서트와 같은 공연의 규모가 커지고 퍼포먼스의 복잡도와 새로운 아이디어 적용을 위해 무대장치가 점차 커지고 화려해지고 있습니다. 심지어 공중을 날기도 하고 무대가 자동으로 바뀌기도 합니다. 이러한 무대장치 개발은 복잡한 구조해석과 건설기술이 필요하며, 따라서 문화·예술분야도 건설산업이 진출할 수 있는 미래 시장 중의 하나일 것입니다.

미래 건설인을 위한 제언

앞에서 설명한 바와 같이 건설산업의 미래는 만들 수 있고 시장은 얼마든지 개척할 수 있기 때문에 현재의 건설지표가 정체되었다고 해서 건설산업의 앞날이 불안하다고 볼 수는 없습니다. 그러나 아무런 준비와 노력이 없이 현재에 안주한다면 기회는 결코 오지 않을 것입니다. 그렇다면 미래 건설산업을 이끌어 갈 여러분은 어떠한 생각과 노력을 하면 될까요? 건설인 선배들이 공통적으로 바라는 인재상을 정리해보면 다음과 같습니다.

첫째, 자신의 전공분야 이외에도 지적 호기심을 갖고 새로운 분야에 대해 탐구하는 자세가 필요합니다. 잘 알다시피 기업은 융·복합

미래 건설인의 인재상

인재를 요구합니다. 그런데 융·복합 인재는 여러 전공분야를 공부했다고 해서 만들어지는 것은 아닙니다. 융·복합 인재란 자기 전공분야의 깊은 지식과 타 분야의 넓은 지식이 만났을 때 탄생할 수 있다고 생각합니다. 융·복합 인재가 되기 원한다면 지적 호기심을 갖길 당부합니다.

둘째, 자신의 분야 이외에 다양한 경험이 필요합니다. 경험이란 여행이 될 수도 있고, 다른 전문가와의 만남이 될 수도 있습니다. 경험은 자연스럽게 체득하는 지식이 됩니다. 이러한 지식이 모인다면 새로운 아이디어 발굴에 큰 도움이 될 것이라 확신합니다.

셋째, 도전은 위험하지만 도전하지 않으면 성장하기 어렵습니다. 리스크가 없는 아이디어는 아이디어가 아니라고 합니다. IT 등 첨단기술의 변화 속도는 건설기술의 변화 속도와는 비교가 안 될 정도로 빠릅니다. 이는 위험한 도전을 하는 벤처 생태계가 잘 구성되었기 때문인데, 건설인 여러분도 새로운 미래를 준비하기 위해서는 벤처정신이 필요합니다.

넷째, 건설은 국민의 생활과 매우 밀접하고 직접 연관되는 산업이기 때문에 건설인 모두는 사회를 이롭게 하고 국민을 행복하게 한다는 사명감을 갖는 것이 중요합니다.대의를 위한 올바른 생각을 갖는 것이야말로 아무리 강조해도 지나치지 않습니다. 생각이 행동을 지배하고 행동이 바로 현재이자 미래가 되기 때문입니다.

건설은 인류와 함께 시작되었고 인류가 존재하는 한 영원할 것입니다. 앞으로 건설산업은 지식산업으로 변화할 것이며, 지식산업에서의 경쟁력은 남들이 생각해내지 못하는 독창적인 아이디어에서 나옵니다. 우리 미래 건설인들이 도전정신과 창조적 아이디어로 무장한 채 도전해야 할 영역을 범위를 넓히고, 새로운 기술개발 노력을 멈추지 않는다면 여러분이 선택한 건설산업은 과거에 그랬듯이 미래에도 국가 주력산업으로 성장할 수 있을 것입니다.

미래 건설인 여러분의 도전을 기다리겠습니다. 건승을 빕니다.

이 책의 책임 집필자는 다음과 같습니다.

신종호 | 건국대

박두희 | 한양대

이종섭 | 고려대

이태형 | 건국대

김태웅 | 한양대

지석호 | 서울대

강상혁 | 인천대

제5장의 '한국건설의 가치'는 **이복남 서울대학교 초빙교수**, '한국건설의 미래, 그리고 미래의 인재상'은 **이태식 건설기술연구원 원장**의 기고로 작성되었습니다.

기획과 원고 수합에 애써주신 박인준(한서대), 이도형(배재대), 송준호(서울대) 교수, 토목학회 전지연 과장, 그리고 일터소개 및 취업도전수기에 참여한 다수의 토목건설인 및 예비 건설인들에게 감사드립니다.

내 **일**을
설계하고
미래를
건설한다

초판인쇄 2015년 10월 19일
초판발행 2015년 10월 26일

기   획 대한토목학회 출판·도서위원회(위원장 신종호)
발   행 대한토목학회(회장 김문겸)
발 행 처 도서출판 씨아이알

기획책임 박승애
디 자 인 송성용
제작책임 이헌상

등록번호 제2-3285호
등 록 일 2001년 3월 19일
주   소 04626 서울특별시 중구 필동로8길 43(예장동 1-151)
전화번호 02-2275-8603(대표)
팩스번호 02-2275-8604
홈페이지 www.circom.co.kr
I S B N 979-11-5610-165-9 (03530)
정   가 11,000원